呼伦贝尔地区饲用燕麦青贮发酵关键技术研究

肖燕子　等　著

中国农业出版社
北　京

本书著者

肖燕子　李文阁　孙　林　都　帅　辛晓平
徐丽君　李向阳　侯美玲　敖特根　李军岩
唐振鹏　陈　萄　胡日查　王志军　贾振宇
哈斯毕力格　卢　强　刘丽英　万阿英
毕力格　姜　超　其力莫格　海　霞　于若男
尤思涵　胡达古拉　吴清秀　王　伟　周天荣
张培青　包思彤　丁　霞　胡梦洁　何立超

资助项目

1. 内蒙古自治区科技计划项目“内蒙古东部区优质燕麦干草调制与贮藏技术研发与应用”（2022YFDZ0088）

2. 内蒙古自然科学基金项目“多组学技术联用解析燕麦青贮发酵过程干物质损失的影响机制”（2024LHMS03022）

3. 内蒙古自治区科技创新引导奖励资金项目“呼伦贝尔地区农作物秸秆青贮饲料发酵技术研究与示范”（2022CXYD006）

4. 呼伦贝尔市科技计划项目“内蒙古东部区油菜秸秆青贮饲料发酵技术研究与应用”（NC2023022）

5. 呼伦贝尔市科技计划项目“饲用燕麦栽培与青贮加工关键技术研究与示范”（NC2023019）

5. 国家牧草产业技术体系（CARS-34）

6. 内蒙古自治区本级事业单位引进高层次人才科研支持项目（DC2400001044）

7. 内蒙古农业大学高层次及优秀博士人才科研启动项目（RK2400001896）

8. 呼伦贝尔智慧牧场技术转化与示范项目（2021CG0038）

9. 内蒙古自治区科技计划项目“科尔沁盐碱地耐盐植物筛选与土壤保育技术集成与示范”（2023YFDZ0019）

10. 吉林省自然科学基金项目“吉林西部地区优质燕麦干草调制与贮藏技术研发”（2023101277JC）

11. 吉林省教育厅科学研究项目“吉林西部羊草草甸草原天然牧草青贮微生物多样性及其发酵机理研究”（JJKH20230024KJ）

前言

随着畜牧业的发展和人类对食品安全、营养价值的日益关注，饲用燕麦青贮因其高营养价值、良好的适口性和环境适应性，成为现代畜牧养殖中不可或缺的饲料资源，特别是在我国西北、西南、华北和东北等农牧区，饲用燕麦青贮以其独特的生态和经济价值，得到广泛的重视和应用。然而，饲用燕麦青贮的发酵过程复杂，技术难度大，对最终产品的质量和动物养殖效果有重要影响。因此，深入研究饲用燕麦青贮发酵关键技术，对于提高燕麦青贮的利用价值、促进畜牧业可持续发展具有重要意义。

本书以饲用燕麦青贮发酵关键技术为研究重点，通过系统梳理国内外相关研究成果，结合作者多年的实践经验和实验数据，深入探讨了燕麦青贮发酵过程中的关键因素和调控机制。主要内容包括燕麦青贮原料的特性和选择、添加剂的种类和作用机制、发酵工艺的优化和控制、发酵过程中微生物菌群的多样性分析、添加剂的安全性评价等。本书旨在为提高燕麦青贮的发酵品质、降低生产成本、提高动物养殖效益提供科学、实用的技术支持和指导。本书采用了实验研究与理论分析相结合的方法，通过实验室模拟和实际生产应用相结合的方式，深入探讨了燕麦青贮发酵过程中的关键因素和调控机制；提出了基于微生物菌群调控的燕麦青贮发酵技术优化策略，通过建立发酵过程中微生物菌群的动态监测和调控体系，实现了对发酵过程的精准控制和优化。

综上所述，本书在呼伦贝尔地区背景下，对青贮燕麦品种筛选、乳酸菌添加剂的应用及其对青贮饲料品质和微生物群落结构的影响进行了系统研究。研究成果为呼伦贝尔地区青贮燕麦的生产提供了科学依据，同时为我国青贮饲料产业的发展积累了宝贵经验。期望本书能为青贮燕麦的种植、加工和利用提供参考，为促进畜牧业的可持续发展做出贡献。

著　者

2024 年 7 月

目 录

CHAPTER ONE

1 引 言

1.1 饲用燕麦概况及草业发展现状

燕麦（*Avena sativa*）为一年生禾本科植物[1]，具有抗逆性强、喜冷凉湿润、产量高、品质优、适口性好、营养丰富、易调制、易收获等特点[2-3]，适宜我国高纬度、高海拔、高寒地区种植，是重要的饲料和粮食作物[4]，是我国北方农牧区建立人工草地和冬春补饲的优质牧草[5]。随着国家禁牧政策的实施和养殖规模不断增加，扩大燕麦产业规模对生态建设和畜牧产业发展已具有越来越重要的意义[6]。

优质牧草作为奶牛养殖必需的粗饲料，对于维持奶牛健康体况，提高产奶量和生鲜乳质量发挥着重要作用。目前，奶牛养殖粗饲料成本已占到奶牛养殖成本的60%～70%，燕麦草作为发展畜牧业和建设生态文明中的重要优质饲草，既可以用来制作干草，也可以制作青贮饲料，已成为奶牛养殖主要优质牧草之一，其需求量逐年快速增长。中国草业网统计数据显示，我国燕麦草种植面积从2001年的9.75万 hm^2 增加到2019年的42.33万 hm^2，干草产量也由49.1万t增加至337.8万t；2020年青贮量达到了75.5万t。近年来，我国燕麦产业发展日趋壮大，每年种植燕麦约70万 hm^2，饲用燕麦占比达一半，即35万 hm^2[7]。我国燕麦草产业发展空间巨大：一是燕麦草的营养价值和饲喂价值受到重视和认可，目前奶业市场不景气，减少了苜蓿草的使用量，而用燕麦草作为替代，促进了其市场需求增加；二是随着“草牧业”“粮改饲”“草田轮作”的快速推进与畜牧业的蓬勃发展，国家和地方的补贴政策的逐步实施，极大地调动了燕麦饲草种植的积极性，使我国燕麦草生产区域和种植面积迅速增加。例如，燕麦草作为苜蓿倒茬轮作的首选牧草种类，仅在草都内蒙古赤峰市阿鲁科尔沁旗的年种植面积就可达 1.0 万 hm^2。安徽秋实草业在河北塞北牧场、察北管理区周边地区种植燕麦草达到 1.7 万 hm^2。甘肃现代草业公司在甘肃山丹马场 2016 年种植燕麦草 2 万 hm^2[8]。我国正健全和完善燕麦草生产质量监督评价标准，为优质安全燕麦草生产提供保障，为燕麦草国产化、标准化、商品化创造有利条件。优质安全燕麦饲草的生产加工，将增强饲草贮备和供给能力，有助于推动饲草产业和畜牧业的发展[9]。

1.2 | 饲用燕麦青贮调制技术的研究现状及其发展

青贮是最有效的饲料加工与保存的方法之一，是主要由青绿植物性饲料在厌氧密闭条件下发酵而成的粗饲料。其基本发酵原理为，青绿饲料刚收割时细胞未立即死亡，仍处于活的状态，填压并窖藏的青绿材料，可利用窖藏的残余氧气继续进行呼吸作用，并消耗青贮原料中的糖，产生适量利于乳酸发酵的热，随着氧气含量的减少，好氧性细菌活性减弱，厌氧性细菌繁殖增多，青绿植物中的糖分在附生厌氧菌的作用下转化为有机酸，有机酸含量累积使 pH 降低，从而抑制腐败和病原微生物的生成，起到防腐保鲜的功效，当有机酸（主要成分为乳酸）含量累积到一定程度时（pH 达到 4.2 以下），青贮饲料在厌氧和酸性发酵条件下达到动态平衡，青贮发酵成熟稳定，可保留青贮饲料营养价值，并大大延长饲料的保存时间。

1.2.1 青贮发酵过程

根据主要化学成分和微生物变化，发酵过程分为有氧发酵、厌氧发酵、稳定期和输出四个阶段，其中厌氧发酵是饲料发酵最关键的时期[9]。

有氧发酵：填充和密封贮仓后，由于系统中仍存在氧气，生物进行有氧呼吸，在几小时内持续消耗氧气和糖，产生二氧化碳和水，直到所有的氧气耗尽。

厌氧发酵：氧气耗尽之后，具有厌氧生长能力的细菌如乳酸菌、肠球菌、梭菌和酵母菌等开始增殖并相互竞争有机质，第一天对于发酵的成败至关重要，如果发酵条件合适，乳酸菌会持续几周发酵产生乳酸，将青贮 pH 降至 4.2 以下的易于保存条件。

稳定期：发酵活性降低，厌氧发酵环境得以保持，pH 保持相对稳定，酶和微生物活性降低，整个发酵系统处于动态平衡状态。

输出：青贮仓卸货运输过程或者饲喂阶段，密封环境被打破，青贮饲料暴露于有氧环境，好氧细菌在该阶段活化繁殖，可能会导致青贮腐败和 15%左右的能量损耗[10]。

1.2.2 青贮调制的机理

青贮发酵是在厌氧条件下进行的，利用乳酸菌发酵产生乳酸。当青贮物中的 pH 下降到 4.2 以下时，所有微生物的生命活动都处于被抑制的稳定状态，目的是更好地保存青贮料营养价值。因此，青贮发酵是一个复杂的微生物群消长演变和生物化学的过程[11]。青贮调制的关键环节：

（1）*厌氧环境*　乳酸菌是厌氧菌，好氧菌大多是有害微生物，如腐败菌等。在青贮原料含有较多氧气时，乳酸菌不能很好地繁殖。当有害微生物如腐败菌等活跃起来，含有充足的糖分以及适宜水分的青贮原料仍会发生变质，因此，在给乳酸菌提供有利的厌氧生存环境的同时还要保证青贮原料装填时必须尽量压实排出空气，顶部封严防止透气，从而促进乳酸菌的快速繁殖，来达到抑制好氧性腐败菌生长的效果[12]。

（2）**一定量的可溶性糖** 青贮原料中除了要控制水分含量、温度以及乳酸菌的无氧环境外，还需要有一定量的可溶性糖[13]，为乳酸菌提供营养促进其快速繁殖，产生大量乳酸。若青贮原料中糖分含量不足，乳酸菌发酵不充分，乳酸产生量少，有害微生物如厌氧性的酪酸菌等得不到抑制就会活跃起来大量增殖，从而导致青贮饲料质量下降。因此，青贮原料中一定要保持一定量的可溶性糖分，这直接促进乳酸的快速形成以及青贮质量的提高。正常情况下，青贮原料中可溶性糖的含量不应低于鲜重的1%，否则乳酸菌不能正常繁殖并且其青贮的品质也不能得到保证。一般来说，饲料作物如玉米、高粱、甘薯、栽培和野生禾本科牧草等可溶性糖的含量都高于1%。

（3）**适当的水分** 青贮调制过程受水分含量影响较大，禾本科牧草含水量应保持在65%～75%。若青贮原料质地粗硬，含水量可保持在78%～82%；幼嫩多汁原料，其含水量以60%为宜[14]。若水分含量超过适宜含水量，因压紧压实而流失的可溶性糖和原料汁液将会导致发酵后形成的乳酸浓度降低，从而无法抑制腐败菌的生长以及繁殖，导致青贮料的腐烂变质；当水分含量达不到标准要求时，青贮原料无法压实，内部的空气不能完全排出，窖内温度逐渐升高，不利环境下的乳酸菌不能充分繁殖，在植物细胞呼吸等生理活动作用下容易产生霉菌而导致腐烂变质。因此，调制青贮饲料时，如果原料中的含水量过高，可先进行晾晒，或掺拌干草或谷物等；原料中的含水量过低，则应喷水或混贮含水量高的原料，以确保原料中适当的水分含量，为乳酸菌提供适宜的生长环境[12]。

（4）**适宜的温度** 优质的青贮饲料还需要严格控制温度以达到理想青贮饲料要求。最理想的青贮饲料成熟温度在25～30℃，温度过高或者过低都影响到乳酸菌的生长繁殖，从而影响青贮饲料的质量。正常情况下，只要青贮原料的含水量适宜、厌氧条件好，青贮窖中的温度一般都能保持在正常范围内，无需另外采取温度调控等措施[12]。

（5）**青贮设施建设**　青贮设施是指装填青贮饲料的容器，主要有青贮窖、青贮壕、青贮塔、地面青贮池及青贮袋等。设施选址要在水位低、地势高、距离畜舍较近、远离水源和粪坑的地质坚固的干燥地方。为避免装填饲料的建筑物不够坚固耐用、透气、漏水，需要结合实际贮藏量设定其长宽。为节省成本，最好利用当地的建设材料[15]。

（6）**青贮原料的适时收割**　作为青贮饲料调制的关键技术之一，适时收割可从单位土地面积上获得最高的产量和营养利用率，这时的青贮饲料水分和糖含量适当[16]。优质的原料是调制优质青贮饲料的首要关键点。适时收割可有效调节青贮的含水量以及营养价值，达到营养物质含量最高、产量最大，同时水分和可溶性糖含量适当的效果，利于乳酸发酵并制成优质青贮饲料。禾本科牧草在孕穗至抽穗早期收割[12]。

（7）**青贮原料处理**　收割后的原料要割、切、运输紧密连贯。一般青贮饲料在粉碎后，手握 1 min 成团松手即散，此时的含水量基本在 68%～75%，符合青贮的含水量要求[17]。如手握不能成团，说明含水量过低，那么就可以选择含水量较高的原料进行混合青贮，每隔 20～40 cm 分层添加适量鲜糟渣类饲料，如鲜苹果渣、鲜啤酒糟、鲜淀粉渣及蔬菜加工下脚料等，也可添加水草、浮萍、水葫芦等含水量高的水生植物，还可以向青贮原料中均匀喷水，或每吨原料添加葡萄糖 1.0 kg 或尿素 0.5 kg，喷洒葡萄糖水或尿素水。如手握成团，松手不散，留有汁液，说明原料含水量过高，青贮前应选择晾晒，除去过多的水分后再粉碎装填，也可掺拌部分干燥物质，如糠麸、干草、晒干的糟渣类饲料等进行混贮[12]。

（8）**适当切段**　青贮饲料的切碎有助于压实，收获后应及时切段、装填、压实。原料的切碎程度和饲喂家畜的种类以及原料质地有关，一般切割成 2～5 cm。含水量多、质地细软的原料可以适当增加切割长度，含水量少、质地较粗的原料可以切得短些。草类青贮原料要比玉米青贮原料切得短些，凋萎的干饲草和空心茎的饲草要比含水分高的饲草切得更短些[18]。

（9）**装填与压实** 原料装池时要边切边贮边踏实。小规模操作时，装填完一层就要压实，层层压实。装填工作中最重要的一步就是层层压实，特别要注意边角不留缝隙[19]。切碎和切短的原料应立即装入地窖中，其作用是防止水分散失。原料的装填要适时，需要注意的是，要逐层填充压实，越紧实，空气排得越干净。在青贮原料踩紧压实后，覆盖塑料薄膜，在其上盖上细土，盖土时需要由地面向上盖，土层的薄厚一致，适当拍打踩实。在保持青贮饲料地窖口周围 2～5 cm 干净的同时还要确保青贮饲料的干净[20]。

（10）**密封** 当窖内青贮饲料贮满压实完毕后，应立刻将窖口密封，为保证其不漏气不漏雨，一般选择将原料装至高出窖面 30 cm 左右，用塑料薄膜盖严后，再用土覆盖 30～50 cm，最后再盖一层遮雨布。

（11）**管护** 贮窖封严后，应注意防止雨水的渗入。在四周约 1.0 m 处挖沟排水。多雨地区，应在青贮窖上搭棚，随时检查是否有破损的情况，如若发现及时修复[12]。在青贮饲料开窖时，要防止畜禽及人在地窖周边进行踩压。在开窖之后，要将取料口用木板和草捆覆盖，防止畜禽进入或混入泥土。

1.2.3 青贮添加剂及其研究现状

青贮添加剂的应用已有几十年的历史。青贮添加剂是在青贮过程中添加到青贮饲料中的一种物质，可以调整青贮饲料的发酵过程，改善饲料的品质，提高饲料的营养价值。青贮添加剂通常分为微生物添加剂、化学添加剂和天然添加剂三大类。

微生物添加剂：微生物添加剂主要包括乳酸菌、酵母菌等，它们可以促进青贮饲料中乳酸的生成，调整饲料的 pH，抑制不良微生物的生长，从而改善饲料的品质。目前，微生物添加剂已经成为青贮饲料研究的热点，许多国家都已经研发出了具有自主知识产权的微生物添加剂。

化学添加剂：化学添加剂主要包括石灰、氢氧化钙等，它们可以调整青贮饲料的 pH，抑制不良微生物的生长，提高饲料的保存稳定性。然而，化学添加剂的使用量需要严格控制，过量使用可能会对动物的健康产生不良影响。

天然添加剂：天然添加剂主要包括中草药、植物提取物等，它们含有大量的抗氧化物质、抗菌物质等，可以改善青贮饲料的品质，提高饲料的营养价值。目前，天然添加剂的研究还处于起步阶段，但其潜力巨大，未来有望成为青贮添加剂的主流。

根据青贮添加剂的作用，将添加剂分为六大类：同型发酵乳酸菌剂、专性异型发酵乳酸菌剂、含有同型和异型乳酸菌的复合菌剂、其他菌剂、化学添加剂和酶制剂[21]。

1.2.3.1 同型发酵乳酸菌剂

同型发酵乳酸菌剂是一类在青贮过程中使用的微生物添加剂，其主要功能是通过同型发酵产生乳酸，从而降低青贮饲料的 pH，抑制不良微生物的生长，促进饲料的发酵过程[22]。同型发酵乳酸菌剂主要包括以下几种菌类[23]：

乳酸菌（*Lactobacillus*）：乳酸菌是一类能够发酵糖类产生乳酸的细菌，它们在青贮过程中起着关键作用。常见的乳酸菌包括 *Lactobacillus plantarum*、*Lactobacillus casei* 等。这些菌类能够迅速发酵糖类，产生乳酸，从而降低饲料的 pH，创造酸性环境，不利于有害细菌的生长。

乳酸链球菌（*Streptococcus*）：乳酸链球菌也是一类重要的同型发酵乳酸菌，如 *Streptococcus thermophilus*。它们能够在较低的 pH 下生存并发酵糖类，进一步降低饲料的 pH，促进青贮过程。

同型发酵乳酸菌剂的使用可以显著改善青贮饲料的品质，使饲料保持良好的颜色、气味和营养价值。此外，乳酸的产生还能提供能量，促进乳酸菌的生长，形成有利于发酵的环境[24]。在实际应用中，同型发酵乳酸菌剂通常以活菌的形式添加到青贮饲料中，用量取决于饲料的类型、青贮设施的条件以及预期的发酵效果。需要注意的是，同型发酵乳酸菌剂的添加应该遵循科学的剂量和方法，以确保其能够有效地发挥作用，同时避免过量使用可能导致的不良效果。随着微生物技术和发酵工程的发展，同型发酵乳酸菌剂在青贮饲料中的应用将更加广泛和深入。

1.2.3.2 专性异型发酵乳酸菌剂

专性异型发酵乳酸菌剂是青贮饲料添加剂的一种，它包含的是那些只能通过异型发酵途径产生乳酸的乳酸菌。专性异型发酵乳酸菌通过 6-磷酸葡萄糖酸/磷酸转酮酶（6-phosphogluconate/phosphoketolase，6-PG/PK）途径利用己糖发酵产乳酸、乙醇和二氧化碳等；这种类型的发酵比同型发酵（只产生乳酸）需要更多的底物，因此在青贮过程中可以更有效地降低 pH，创造不利于有害细菌生存的环境，从而更好地保存饲料并提高其营养价值。专性异型发酵乳酸菌剂中的典型菌种包括：

戊糖乳杆菌（*Lactobacillus reuteri*）：这是一种能够异型发酵产生乳酸和乙醇的乳酸菌，它在青贮过程中有助于快速降低 pH，并能够在较高温度下生存，适应性较强。

屎肠球菌（*Enterococcus faecium*）：也是一种异型发酵乳酸菌，能够在青贮过程中产生乳酸和其他有机酸，有助于饲料的发酵和稳定。

专性异型发酵乳酸菌剂的使用可以改善青贮饲料的物理和化学特性，如降低 pH、减少氨的含量、提高饲料的缓冲能力等，这些都有助于延长饲料的保质期，减少饲料腐败和营养损失。此外，这些乳酸菌还能够产生抗菌物质，抑制有害菌的生长，从而提高饲料的安全性。在实际应用中，专性异型发酵乳酸菌剂的添加量通常取决于饲料的类型、青贮条件以及预期的发酵效果。合理使用这些菌剂不仅可以提高青贮饲料的质量，还可以减少化学添加剂的使用，符合绿色养殖和可持续农业的发展趋势。

1.2.3.3 复合菌剂

复合菌剂是一种将多种微生物菌株组合在一起的制剂，这些菌株通常具有相互协同的作用，以达到更好的生理和生态效果[25]。在青贮饲料领域，复合菌剂通常包含多种乳酸菌，包括同型发酵和异型发酵乳酸菌，以及其他可能有益于青贮过程的微生物，如芽孢杆菌和酵母菌等。复合菌剂的优势在于它可以通过多种菌株的协同作用来提高青贮饲料的品质和稳定性。例如，同型发酵乳酸菌可以快速产生乳酸，降低饲料的 pH，从而抑制不良微生物的生长；而异型发酵乳酸菌则可以在较低的 pH 下生存并继续发酵，进一步降低 pH，创造更加不利于有害细菌生存的环境。此外，复合菌剂中的其他微生物可能具有产生抗菌物质、改善饲料消化率或增强饲料营养价值等作用。在制备复合菌剂时，研究人员和生产者会根据青贮饲料的特定需求和预期的发酵效果，选择合适的菌株并进行优化组合。复合菌剂的制备通常涉及菌株的筛选、培养、配方设计、稳定性和效果评估等多个步骤。复合菌剂的使用可以显著提高青贮饲料的品质，保持饲料的新鲜度和营养价值，同时减少化学添加剂的使用。在实际应用中，复合菌剂的添加量和使用方法应根据饲料的类型、青贮条件以及预期的发酵效果进行调整。

1.2.3.4 其他菌剂

其他菌剂是指在青贮饲料中使用的，除了乳酸菌以外的微生物添加剂。这些菌剂可能包括以下几种类型：

（1）**芽孢杆菌（*Bacillus*）**　芽孢杆菌是一类能够产生芽孢的细菌，它们在恶劣环境中能够形成耐热的芽孢，从而在青贮过程中保持活性。芽孢杆菌具有一定的发酵能力，能够帮助分解饲料中的复杂有机物，提高饲料的消化率。此外，它们还可能产生抗菌物质，有助于保持饲料的品质。

（2）**酵母菌（*Yeast*）**　酵母菌是一类单细胞真菌，它们在青贮过程中可以发酵糖类，产生二氧化碳和乙醇。酵母菌还能够产生一些有益的代谢产物，如维生素和酶，这些物质可以提高饲料的营养价值。酵母菌的使用还可以改善饲料的口感和消化率。

（3）**放线菌（*Actinobacteria*）**　放线菌是一类广泛存在于土

壤中的细菌，它们在青贮过程中可以分解纤维素、半纤维素等复杂糖类，提高饲料的营养可利用性。放线菌还能够产生抗菌物质，有助于抑制有害菌的生长。

（4）**甲烷菌（*Methanobacteria*）** 甲烷菌是一类能够进行甲烷发酵的细菌，它们在青贮过程中可以将饲料中的有机物转化为甲烷气体。甲烷菌的使用可以减少饲料中的有机物损失，同时产生的甲烷气体可以作为一种清洁能源。

其他菌剂的使用可以提高青贮饲料的品质，促进饲料的发酵过程，增加饲料的营养价值，同时还可以减少化学添加剂的使用。在实际应用中，其他菌剂的添加量和使用方法应根据饲料的类型、青贮条件以及预期的发酵效果进行调整。

1.2.3.5 化学添加剂

化学添加剂是指在饲料青贮过程中使用的一类化学物质，它们通常用于调整饲料的物理和化学性质，以提高青贮饲料的品质和稳定性[26]。化学添加剂的使用在青贮饲料行业中是常见的，但需要谨慎控制剂量，以确保不会对动物、人体健康和环境造成不利影响。常见的化学添加剂包括：

（1）**碱性物质（如石灰、氢氧化钙）** 这些物质可以调整青贮饲料的 pH，通常用于提高饲料的碱性，从而抑制不良微生物的生长，促进乳酸菌的发酵过程。

（2）**防腐剂** 如苯甲酸、山梨酸等。它们可以抑制细菌和霉菌的生长，延长饲料的保质期。

（3）**抗氧化剂** 如维生素 E、乙氧基喹啉等。它们可以防止饲料中的脂肪氧化，保持饲料的新鲜度和营养价值。

（4）**纤维素酶和半纤维素酶** 这些酶类可以分解饲料中的纤维素和半纤维素，提高饲料的营养可利用性。

（5）**尿素** 有时用于提供氮源，促进青贮饲料中蛋白质的合成。

化学添加剂的使用可以提高青贮饲料的品质，延长饲料的保质期，减少营养损失，但过量使用可能导致饲料的化学成分失衡，对动物健康产生不利影响。因此，在使用化学添加剂时，应根据饲料的类型、青贮条件以及预期的发酵效果进行科学合理的添加。同时，还需要遵守相关的食品安全和环境保护标准，确保化学添加剂的使用不会对环境和动物、人体健康造成危害。

1.2.3.6 酶制剂

酶制剂是指由特定酶源制备的，用于加速化学反应的生物催化剂。在食品工业、饲料工业以及其他多个工业领域中，酶制剂被广泛应用，因为它们可以提高生产效率，改善产品品质，减少能源消耗和废物产生[27]。酶制剂的主要作用包括：改进原料的加工特性，如淀粉酶可以分解淀粉为糊精和葡萄糖，从而改善食品的质地和口感；提高营养价值，如蛋白酶可以水解蛋白质为多肽和氨基酸，增加饲料的营养价值；改善消化吸收率，酶制剂可以分解复杂的有机物为更小的分子，使得动物更易于消化和吸收；增强发酵过程，在青贮饲料中，特定的酶制剂如纤维素酶、半纤维素酶可以分解纤维素和半纤维素，为乳酸菌提供更多的糖类底物，从而促进乳酸的产生和发酵过程；控制微生物生长，某些酶制剂具有抗菌作用，可以抑制不良微生物的生长。

酶制剂的种类繁多，根据来源可以分为动物源性酶和植物源性酶，根据功能可以分为消化酶、发酵酶、凝乳酶等。在选择和应用酶制剂时，需要考虑底物特异性、pH、温度、酶活性和稳定性等因素，以确保酶制剂能够有效发挥作用。

1.3 | 饲用燕麦种质资源的研究

种质资源是燕麦新品种选育的物质基础，遗传多样性在很大程度上决定种质资源的丰富度。燕麦种质资源是指燕麦的遗传资源，包括不同品种、种类、地理种群、野生种等[28]。目前，我国燕麦种质资源数量位居世界第五位，拥有燕麦种质资源 5 282 份，可以作为育种和科研材料，同时还可以直接应用于生产[29]。其中，原产于我国的种质资源 3 183 份，大多数为食用裸燕麦，而饲用燕麦占比较少。饲用燕麦大多数来自内蒙古、青海、新疆和甘肃等高寒牧区[30]。Ayalew[31]等通过筛选不同燕麦种质资源，以支持育种改良燕麦在不同地点的越冬存活。美国是生产饲用燕麦的大国，依据美国国家植物种质系统（U. S. National Plant Germplasm System）记载，目前其拥有包括 22 个种在内的燕麦属种质资源 28 621 份，其中 20 496 份是经过系统鉴定评价的种质资源，栽培燕麦种质资源共 13 540 份。目前，欧洲国家已收集 1 981 份燕麦属种质资源，涵盖 7 个种，其中含有 181 份栽培燕麦。这些种质资源主要来自德国（1 589 份）、捷克（81 份）、意大利（63 份）、北欧国家（55 份）、罗马尼亚（81 份）、斯洛伐克（16 份）、瑞士（21 份）、荷兰（75 份）等[32]。

燕麦种质资源的收集、保存、评价和利用对于燕麦的遗传改良和品种创新具有重要意义。目前，全球燕麦种质资源主要保存在国际燕麦种质资源中心（International Oat Germplasm Center, IOGC）和各国的燕麦种质资源库中。燕麦种质资源的研究和利用将推动燕麦产业的发展和提高人类健康水平。

1.4 | 饲用燕麦青贮特征

在牧草青贮过程中，微生物的种类和数量会影响青贮的质量和营养价值。深入研究牧草青贮微生物特征，有助于优化青贮工艺，提高青贮饲料的质量和利用效率。

1.4.1 真菌与细菌群落特征

牧草青贮真菌群落的研究有助于更好地理解青贮过程中微生物的作用，以及如何提高青贮饲料的质量。研究发现，全株玉米青贮饲料发酵过程中存在乳酸菌发酵接力现象，加工青贮饲料时使用同型乳酸菌的效果优于其他来源的乳酸菌。青贮饲料发酵过程中较高的细菌多样性则有助于积累微生物代谢产物，较高的真菌多样性则有助于提高有氧稳定性。影响全株玉米青贮饲料有氧稳定性的主要真菌已被鉴定，较好的有氧稳定性有助于代谢产物保全。另有研究发现了牧草生长地理环境是影响其表面微生物群落结构的主要因素，乳酸杆菌属决定了全株玉米青贮饲料细菌演替模式。这些发现为牧草青贮真菌群落的研究提供了重要的理论基础，有助于优化青贮饲料的生产工艺，提高其质量和稳定性。

1.4.2 化学成分特征

青贮牧草的化学成分特征对于评估其营养价值和质量具有重要意义。近年来，随着畜牧业的发展和对饲料质量要求的提高，对牧草青贮化学成分特征的研究受到了越来越多的关注。研究牧草青贮的化学成分特征可以深入了解青贮过程中营养物质的变化规律，为优化青贮工艺和提高青贮饲料质量提供科学依据。此外，牧草青贮的化学成分特征也与动物的健康和生产性能密切相关。了解青贮牧草中蛋白质、糖、脂肪、维生素和矿物质等成分的含量和比例，有助于合理配置饲料，满足动物不同生长阶段的营养需求，提高养殖效益。

1.5 | 微生物检测技术与生物信息学分析

早期霉变和轻微霉变不易察觉，但有经验的人可以从干草的色泽、干草捆内温度及水分的微小变化及时发现。因此，早期预测霉变发生对干草安全贮藏有重要意义。认为干草发热才是霉变开始是错误的，实质上此时是霉变进一步发展而非开始阶段。干草霉变时常常会出现发热现象，但如果干草捆为低密度草捆，且通风良好，热量能够及时散发而不大量积累，干草即使已严重霉变，也可不出现发热现象。因此，测温方法的灵敏度和准确性不能完全确保干草安全贮藏。

微生物检测对牧草微生物危害的早期预测有着非常重要的意义。虽然有多种方法可以利用，但大都存在操作技术复杂、检测周期长等弊端，至今很少在干草生产企业推广应用。国内外常用的微生物检测方法主要可分为传统和现代的检测方法。传统方法现在仍然被广泛采用，其特点是检测费用低、准确性好，但通常检测周期长。这类方法主要包括：稀释平板计数法、直接显微镜计数法等。其中，稀释平板法是我国牧草检测微生物的国家标准方法。

20 世纪 90 年代以来，分子生物学技术逐渐引入微生物群落结构的研究领域，随着霉菌各种功能基因或保守序列信息的不断增加，分子鉴定方法已越来越多地应用到科研实践中。

1.5.1 高通量测序技术

与传统分离培养方法相比，现代分子生物学方法具有数据量大、灵敏度高等优点，能够更加全面地揭示环境中的微生物群落多样性。燕麦干燥过程是一个复杂的生化过程，伴随着多种微生物群落的不断演替，微生物数量大，只有应用分子生物学方法才能更好地了解干燥过程中各种微生物的群落组成及其对于燕麦干草品质的影响。目前对于微生物群落的研究方法主要包括变性梯度凝胶电泳、克隆文库、荧光定量 PCR 以及高通量测序技术等。本研究主要关注高通量测序技术。

高通量测序技术（High Throughput Sequencing）又被称为下（新）一代测序技术（Next Generation Sequencing，NGS），可对 PCR 扩增产物直接进行序列测定，每次分析所得的基因序列多达几十万到几百万条，比常规的分子生物学方法具有明显的监测优势，能够全面和准确地反映环境微生物群落物种组成和相对丰度[21]。高通量测序的平台主要有罗氏（Roche）公司的 454 焦磷酸测序平台，Illumina 公司的 Miseq/Hiseq 测序平台以及美国应用生物系统（ABI）公司的 SOLiD System 测序平台等。高通量测序技术拥有极高的通量，运行一轮能产生 500 Mbp 至 600 Gbp 的数据量。随着测序深度增加，结果更加准确，弥补了 Sanger 法测序的高成本但通量信息小等缺点。Miseq/Hiseq 及 454 测序平台应用较为广泛。其中，MiSeq 测序技术在分析样本群落的丰富度和均匀度上更可靠、成本更低。

高通量测序技术首先采用带有接头和 barcode 序列的特异性引物，通过 PCR 扩增富集目标基因，其中接头用于与探针结合，barcode 序列用于识别不同的样品。纯化回收得到目标基因的 PCR 产物后对纯化的 PCR 产物进行定量，保证测序时每个样品 PCR 产物量相同，将所有样品 PCR 产物混合后上机测序。

高通量测序原始序列需要进行处理后才能应用于生物信息学分析中。首先进行的是正向读长和反向读长的拼接；用于拼接的工具比较多，主要有 Usearch fastq _ mergepairs、FLASH 和 PANDASEQ 等[33-34]。然后是序列质控，去除低质量序列、接头以及引物序列。得到的有效序列需要生成 OTU 表，并进行物种注释。目前有 4 款软件能用于高通量测序的全面分析，包括 mothur、UPARSE、QIIME 以及 RDP[34-35]。结合高通量测序技术，细菌 16*S rRNA* 基因、真菌的 18*S rRNA* 基因和 *ITS* 基因已广泛应用于环境微生物多样性的研究中，从而揭示环境样品中微生物群落的演替及组成差异。

近年来，高通量测序技术已成为现今最流行的测序技术之一，被广泛地应用于土壤[36]、肠道[37]、瘤胃[38]、沼液[39]及沼气[40]等环境样品中微生物菌群及其功能多样性分析。值得注意的是，高通量测序技术在青贮微生物多样性研究方面的报道也越来越多。Li 等[41]通过 Illumina MiSeq PE300 Platform 研究发现，添加微藻提高了五节芒的青贮品质并改变了青贮中细菌菌群构成。Li 等[42]利用 PacBio 单分子实时测序技术（SMRT）研究贮藏温度对燕麦青贮过程中细菌群落的影响；研究发现，蒙氏肠球菌是优势菌种，戊糖乳杆菌、雷氏乳杆菌和蒙迪乳杆菌可能与青贮温度的差异导致的发酵产物的变化有关。Chen 等[43]利用高通量测序技术研究耐低温乳酸菌接种剂对燕麦青贮发酵特性和细菌群落的影响；结果表明，在青贮过程中接种耐低温乳酸菌可以促进良好的发酵，重建细菌群落，从而更好地保存高湿度燕麦青贮的营养物质。Wang 等[44]采用高通量测序技术研究了黑麦草和苏丹草附生微生物区系对燕麦青贮特性和微生物群落的影响；结果表明，燕麦和苏丹草上的附生菌群促进了燕麦青贮的异发酵模式，这与乳球菌、魏斯氏菌和乳杆菌的丰度和代谢密切相关。Wang 等[45]也利用高通量测序技术研究了北方荒漠草原家庭农场全株玉米青贮的微生物群落、代谢产物、发酵品质及有氧稳定性；结果表明，较高的细菌多样性有助于代谢产物的积累，广泛的真菌多样性提高了有氧稳定性。

1.5.2 生物信息学分析

生物信息学是建立在分子生物学的基础上的，以计算机为工具对生物信息进行储存、检索和分析的科学，在高通量大数据分析中发挥了重要的作用。高通量数据生成 OTU 表，实现物种注释后就可以进行生物信息学分析，主要包括 α 多样性分析（Alpha Diversity）、β 多样性分析（Beta Diversity）、物种进化树构建、显著物种差异分析、菌群与环境因子之间的关系以及 16S*rRNA*/*ITS* 功能基因预测分析等。

1.5.2.1 高通量测序结果检测

（1）*原始序列（Raw Tags）统计*　MiSeq 测序得到的是双端序列数据，首先根据 PE Reads 之间的 Overlap 关系，将成对的 Reads 拼接（Merge）成一条序列，根据序列首尾两端的 Barcode 和引物序列区分样品得到有效序列，并校正序列方向。

（2）*有效序列（Effective Tags）统计*　去除非特异性扩增片段、片段长度过短的序列、模糊碱基（Ambiguous）和嵌合体（Chimera）序列后得到有效序列。

（3）*稀释曲线（Rarefaction Curve）分析*　从样本中随机抽取一定数量的序列，统计这些序列所代表的物种数目，以序列数与物种数来构建曲线，用于验证测序数据量是否足以反映样品中的物种多样性，并间接反映样品中物种的丰富程度。在一定范围内，随着测序数的加大，若曲线表现为急剧上升则表示群落中有大量物种被发现；当曲线趋于平缓，则表示此环境中的物种并不会随测序数量的增加而显著增多。稀释曲线可以作为对各样本测序量是否充分的判断：曲线急剧上升表明测序量不足，需要增加序列数；反之则表明样品序列充分，可以进行数据分析。

1.5.2.2 微生物多样性分析

（1）OTU（Operational Taxonomic Units）**分析**　在系统发生学研究或群体遗传学研究中，为了便于进行分析，人为给某一个分类单元（品系、种、属、分组等）设置的同一标志。根据不同的相似度水平，对所有序列进行 OTU 划分，一般情况下，如果序列之间的相似性高于 97%就可以把它定义为一个 OTU，每个 OTU 对应一种代表序列。

（2）**α 多样性分析**　α 多样性反映的是单个样品物种丰度（Richness）及物种多样性（Diversity），有多种衡量指标：Chao1、Ace、Shannon 和 Simpson。Chao1 和 Ace 指数衡量物种丰度即物种数量的多少；Shannon 和 Simpson 指数用于衡量物种多样性，受样品群落中物种丰度和物种均匀度（Community Evenness）的影响。相同物种丰度的情况下，群落中各物种具有越大的均匀度，则认为群落具有越高的多样性，Shannon 指数值越大、Simpson 指数值越小，说明样品的物种多样性越高。覆盖率（Coverage）数值越高，则样本中物种被测出的概率越高，而没有被测出的概率越低。该指数反映测序结果是否代表了样本中微生物的真实情况。

（3）**β 多样性分析**　β 多样性可以比较不同样品在物种多样性方面的相似程度。β 多样性分析主要采用 Binary Jaccard、Bray Curtis、Weighted Unifrac（限细菌）、Unweighted Unifrac（限细菌）等 4 种算法计算样品间的距离从而获得样本间的 β 值。这四个算法主要分为两大类：加权（Bray－Curtis 和 Weighted Unifrac）与非加权（Binary－Jaccard 和 Unweighted Unifrac）。非加权的计算方法主要比较的是物种的有无，如果两个群体的 β

多样性越小，则说明两个群体的物种类型越相似；而加权方法则需要同时考虑物种有无和物种丰度两个问题。

1.5.2.3 微生物群落结构分析

（1）*非度量型多维尺度分析*（Non - Metric Multi - Dimensional Scaling，NMDS） 是一种适用于生态学研究的排序方法，主要是将多维空间的研究对象（样本或变量）简化到低维空间进行定位、分析和归类，同时又保留对象间原始关系的数据分析方法[46]。适用于无法获得研究对象间精确的相似性或相异性数据，仅能得到它们之间等级关系数据的情形。换句话说，当资料不适合直接进行变量型多维尺度分析时，对其进行变量变换，再采用变量型多维尺度分析——对原始资料而言，就称之为非度量型多维尺度分析。其特点是将样品中包含的物种信息，以点的形式反映在多维空间上，而不同样品间的差异程度，则是通过点与点间的距离体现的，最终获得样品的空间定位点图。NMDS 能更好地反映生态学数据的非线性结构，有的研究认为 NMDS 的效果优于 PCA/PCoA。NMDS 分析的排序轴不存在解释量一说，但可以计算得到一个总的应力函数值（Stress），因此需要参考应力函数值来对排序结果进行评估。在 NMDS 排序分析中，尽可能选择较低的应力函数值。一般情况下，应力函数值的值不要大于 0.2。在微生物分析过程中，样本与样本间的距离的选择有很多种，较为常用的是 Bray。

（2）LEfSe（LDA Effect Size）*分析* LEf Se 是一种用于发现和解释高维度数据生物标识（基因、通路和分类单元等）的分析工具，可以实现多个分组之间的比较，进行分组比较的内部还可进行亚组比较分析，它强调统计意义和生物相关性，从而找到组间在丰度上具有统计学差异的物种（Biomarker）[47]。首先在多组样本中采用非参数因子 Kruskal - Wallis 秩和检验检测不同分组间丰度差异显著的物种，初步得到差异物种，通过检验的物种进入下一步检验；利用 Wilcoxon 秩和检验，对每一组中的亚组进行两两检验，具有显著差异的再进入下一轮检验；最后根据线性判别分析（LDA）对数据进行降维并评估差异显著的物种的影响力。线性判别分析（Linear Discriminant Analysis）是一种经典的降维方法，可以评估差异显著的物种的影响力即LDA Score。LDA是一种监督学习的降维技术，即其数据集中的每个样本是有类别输出的，是在目前机器学习、数据挖掘领域经典且热门的一种算法，这点和PCA不同。PCA是不考虑样本类别输出的无监督降维技术。LDA是有监督的，所以LDA算法可以很好利用样本的分组信息，得到的结果更可靠，这就是LDA的分析优势。

（3）**相关性分析**　皮尔森相关系数也称皮尔森积矩相关系数(Pearson Product - moment Correlation Coefficient)，反映的是两个变量之间变化趋势的方向以及程度，是一种线性相关系数，是最常用的相关系数之一。记为r，用来反映两个变量X和Y的线性相关程度，r值介于-1～1，正值表示正相关，负值表示负相关，绝对值越大表明相关性越强。为了使用Person线性相关系数，必须假设数据是成对地从正态分布中取得的，并且数据至少在逻辑范畴内，必须是等间距的数据。如果这两条件不符合，一种可能是采用Spearman秩相关系数来代替Pearson线性相关系数。Spearman相关系数又称秩相关系数，是利用两变量的秩次大小作线性相关分析，对原始变量的分布不作要求，属于非参数统计方法，适用范围要广些。对于服从Pearson相关系数的数据亦可计算Spearman相关系数，但统计效能要低一些。Spearman相关系数的计算公式可以完全套用Spearman相关系数计算公式，公式中的X和Y只需用相应的秩次代替即可。Kendall′s Tau - b等级相关系数是用于反映分类变量相关性的指标，适用于两个分类变量均为有序分类的情况，对相关的有序变量进行非参数相关检验，取值范围在-1～1，此检验适合于正方形表格。

（4）**生态网络分析**（Ecological Network Analysis）　微生物在各种生态环境中并不孤立存在，而是基于竞争、合作、共生等相互作用关系形成的复杂生态交互网络中，即共现网络（Co -

occurrence Network）或相关网络（Correlation Network）。随着高通量测序、基因芯片等技术的发展，研究人员可以得到空前庞大的数据量，而利用微生物测序数据得到的 OTU 丰度矩阵也可以进行网络分析，探究微生物群落内复杂的相互作用关系，提供样品间微生物群落比较以外的重要信息[48]。构建微生物生态网络的前提是假设微生物丰度的变化是由于生态学或生物学原因造成的[49]，并且微生物之间的关系是遵守幂律分布特征的，即多数微生物仅与有限的其他微生物发生相互作用，只有少部分微生物可以与其他很多微生物发生相互作用[50]。构建微生物生态网络的原理是当两个微生物或 OTU 的丰度呈现相同或相反的变化规律，并且二者的相关系数大于显著性阈值，就说明这两种微生物之间存在正或负相互作用，计算所有微生物两两之间的相关关系就可以得到一个微生物的生态网络。在生态网络中，每一个元素（生物或基因）可以描述成网络中的一个节点，它们之间的关系可被描述成网络中的边。

构建微生物生态网络的主要步骤包括上传数据、数据标准化、相似性矩阵计算以及决定邻接矩阵，最后根据邻接矩阵，在无向的网络中画出节点和边。其中相似性矩阵的计算是基于 OTU 之间的相关性，相似性矩阵到邻接矩阵的转变是通过随机矩阵理论（Random Matrix Theory，RMT）自动识别合适的相似性阈值（Similarity Threshold）完成的。微生物生态网络的构建以及分析均在 MENAP（Molecular Ecological Network Analysis Pipeline）网站完成，构建网络时各参数以 MENAP 默认参数为准[47]，可视化软件有 Cytoscape[51]和 Gephi[52]等。

1.6 | 研究意义

1.6.1 不同饲用燕麦品种的营养价值及发酵品质的影响

研究不同饲用燕麦品种的营养价值及发酵品质，可以为当地畜牧业生产提供科学依据，优化饲料配方，提高畜禽的生产性能和健康水平，促进畜牧业的可持续发展。调制青贮是保留燕麦营养成分、改善其适口性和消化率较为理想的措施[53-58]。杨云贵等[59]对3个燕麦品种抽穗期、灌浆期和乳熟期进行了青贮和青干草调制，结果表明，青贮料营养价值均优于青干草。张晴晴等[60]研究发现，3种有机酸添加剂均能改善燕麦的发酵品质和营养品质，以甲酸青贮燕麦效果最佳。郭婷[61]使用不同类型及浓度的添加剂对3个燕麦品种进行青贮，结果表明，添加乳酸菌和蔗糖青贮效果最佳。琚泽亮等[62]在甘肃进行7个燕麦品种的青贮试验，并对其营养价值和发酵品质进行比较分析，结果表明，陇燕3号适宜作为青贮燕麦品种在甘肃中部种植。不同品种在同一生境甚至同一生育时期的产量和品质也有显著差异[63]，最根本的原因是原料本身的差异[64]。目前，国内燕麦青贮的研究主要集中在添加剂、原料含水量和收获时期等方面，不同品种的青贮效果差异方面的报道较少。本研究通过比较10个燕麦品种的干草产量和青贮后营养品质、发酵品质的差异，探讨品种对燕麦青贮饲料营养品质及发酵品质的影响，筛选适合于呼伦贝尔地区种植的优质青贮燕麦品种，为燕麦产业的发展提供参考。

1.6.2 不同添加剂对饲用燕麦发酵特性、微生物组成及功能特性的影响

研究不同添加剂对饲用燕麦发酵特性、微生物组成及功能特性的影响，可以为畜牧业生产提供更多的技术支持。添加剂可以改善饲料的营养价值和口感，促进饲料的发酵，提高饲料的稳定性和保存期限，从而提高畜禽的生产性能和健康水平。燕麦作为我国最重要的饲料资源之一，其产量高、营养丰富、适应性强，是畜牧业不可缺少的基础饲料作物[65-66]。青贮是畜牧业中重要、常规且可靠的饲料保存技术，在我国及其他国家引起了越来越多的关注[67-68]。其可以通过微生物降解水溶性碳水化合物（WSC），产生有机酸（特别是乳酸），从而在厌氧环境中诱导酸性条件，

抑制有害微生物的增殖[69-70]。青贮饲料的长期保存依赖于微生物多样性与青贮环境的稳定性。在各种微生物组分中，乳酸菌（LAB）对青贮料的保存起着至关重要的作用。此外，在厌氧发酵过程中，乳酸菌在调节青贮饲料中现有的微生物群落以及最终产物方面具有关键作用[71]。微生物接种剂可以改变青贮发酵的不同方面，如 pH 和有机酸分布[72]。乳酸菌接种剂已被广泛应用于改善饲料营养品质及青贮性能[73]，其应用取决于它们的生长性能和快速诱导酸化、提高有氧稳定性和青贮消化率的能力[74]。根据乳酸菌对氧气和发酵碳水化合物的最终产物的耐受性，乳酸菌被分为同型发酵乳酸菌和异型发酵乳酸菌[75]。研究表明，同型发酵乳酸菌利用葡萄糖通过 Emden - Meyerhof 途径产生乳酸（LA）来加速发酵过程，而异型发酵乳酸菌的最终产物是乳酸、醋酸和通过磷酸酮醇酶途径产生的乙醇的混合物，以提高好氧稳定性，如布氏乳杆菌[76]。然而，乳酸菌接种剂的多样性导致能显著改善青贮质量的通用乳酸菌产品的缺失[77]；此外，微生物群落的变化不受发酵的显著影响，但这些微生物与青贮料的质量有关[78]。在全球范围内对紫花苜蓿[79]、玉米[80]、大麦[81]、小麦[82]和其他饲料青贮料中细菌群落的变化进行了调查，结果表明，接种乳酸菌可以通过重建细菌群落来改善燕麦青贮料的发酵质量[83-84]，但对燕麦青贮中真菌群落变化的研究还很有限。因此，本试验利用植物乳杆菌和布氏乳杆菌调制燕麦青贮饲料，研究不同添加剂对燕麦青贮品质及微生物群落结构变化的影响，为优化青贮饲料配方和工艺提供理论基础。

1.6.3 燕麦青贮发酵过程中不同添加剂对其发酵品质及微生物群落结构的影响

青贮发酵过程的长短直接影响燕麦的口感、风味、营养价值等特性，而在发酵过程中青贮微生物起着关键作用，不同的添加剂，如乳酸菌制剂、糖蜜、丙酸等，可以影响微生物群落结构，进而影响青贮饲料的品质。因此，研究不同添加剂对发酵品质及微生物群落结构的影响，对于提升燕麦产品的品质、安全性和营养价值具有重要意义。呼伦贝尔是我国重要的畜牧业生产基地，该区域属于温带大陆性气候，夏季炎热多雨、冬季寒冷干燥，燕麦产量高、营养丰富、适应性强，在生态条件较苛刻的地区种植燕麦能够缓解反刍家畜冬春季饲料不足而产生的"冬瘦春乏"现象[85-86]。但在呼伦贝尔地区，牧草的加工和贮存多采用晾晒、打捆等传统方法，阳光照射、机械加工都会造成燕麦的营养成分损失，使其适口性和消化率随之大幅度下降[87-88]。将牧草调制成青贮饲料可有效解决这一问题，青贮是一种传统的、可靠的牧草和农作物保存技术，在畜牧业的发展中发挥了至关重要的作用[89]。近年来，青贮技术受到越来越多的关注，尤其是在发达国家[90]。青贮过程可创造一个酸度较高的厌氧环境，有效抑制腐败微生物的生长[91]。在厌氧发酵过程中，乳酸菌扮演着极其重要的角色，它能够调节微生物群落的结构，并影响最终的代谢产物，被广泛应用于青贮饲料添加剂中[92]。发酵过程本身不会对细菌和真菌群落造成显著的改变，但微生物的存在与青贮饲料的质量紧密相关[93]。Benjamim[94]等研究发现，乳酸菌添加剂在青贮饲料的发酵过程中，能够改善青贮饲料的营养品质，增强青贮的保存性能。Jung[95-98]等研究发现，乳酸菌添加剂的有效性取决于乳酸菌的生长性能及其诱导快速酸化的能力，进而提高青贮饲料的有氧稳定性和消化率。并非所有的乳酸菌添加剂都能够有效地显著提升青贮饲料的品质，乳酸菌添加剂种类繁多，每种添加剂都具有其潜在的益处，筛选出在各种不同条件下都能充分发挥作用的乳酸菌产品，是一个具有挑战性的任务[99]。国内外有关青贮饲料中添加乳酸菌和纤维素酶的研究已经十分广泛，但对于呼伦贝尔高寒地区燕麦进行添加剂青贮的试验研究较少，更未见关于呼伦贝尔高寒地区主栽燕麦品种青贮添加剂筛选的相关报道[100]。因此，笔者研究发酵过程中植物乳杆菌和布氏乳杆菌对燕麦青贮饲料的营养品质、发酵品质及微生物群落的影响，筛选出适宜呼伦贝尔当地燕麦青贮的优质乳酸菌剂，为发展呼伦贝尔地区优质草业带提供参考依据。

1.7 研究的主要结论

1.7.1 呼伦贝尔地区不同饲用燕麦品种的营养价值及其对发酵品质的影响

为筛选适宜在呼伦贝尔地区种植的优质青贮燕麦品种，采用随机区组设计方法，于 2018 年在中国农业科学院呼伦贝尔草原生态系统国家野外科学观测研究站种植 10 个燕麦品种（贝勒、魅力、陇燕 2 号、陇燕 3 号、燕王、青海 444、巴燕 3 号、林纳、白燕 7 号、青引 1 号）进行区域试验。于燕麦乳熟期刈割，切至2 cm后进行罐贮。60 d 后开封取样，测定其营养指标和发酵指标。结果表明，陇燕 2 号干物质（DM）产量最高，为 4 905.45 kg/hm^2，青引 1 号干物质产量最低，为 1 773.65 kg/hm^2，品种间差异显著（$P<0.05$）；10 个燕麦品种青贮饲料的干物质含量在 30.73%～45.47%，DM 含量最高的品种为陇燕 2 号，最低的品种为巴燕 3 号，2 个品种间有显著差异（$P<0.05$）；林纳、贝勒和陇燕 2 号 3 个品种的粗蛋白含量分别为 12.63%、12.46%和 12.41%，显著高于其他品种（$P<0.05$）。贝勒和林纳 2 个燕麦品种的酸性洗涤纤维含量最低，分别为 25.11%和 26.11%，显著低于其他品种（$P<0.05$）。10 个燕麦品种的可溶性糖含量为 2.17%～4.33%，平均含量为 3.39%，含量最高的为贝勒，最低的为燕王，2 个品种间差异显著（$P<0.05$）。不同品种的发酵品质差异显著（$P<0.05$）。林纳的 pH 最低，乳酸含量最高，为 6.86%，丙酸、丁酸、氨态氮和总挥发性脂肪酸含量低，发酵品质较好。10 个燕麦品种发酵品质的 V－Score 评分中，陇燕 3 号、林纳、陇燕 2 号、青海 444、魅力、青引 1 号、白燕 7 号和贝勒 8 个品种的分值在 80 以上，发酵品质为优。综合考虑产量、营养品质和青贮发酵品质，林纳适宜作为青贮燕麦品种在呼伦贝尔地区种植加工。

1.7.2 不同添加剂对饲用燕麦发酵特性、微生物组成及功能特性的影响

本研究旨在探索乳酸菌添加剂对饲用燕麦青贮品质及微生物群落结构的影响。试验分为3组，添加蒸馏水（CON组）、添加植物乳杆菌（LP组，*Lactiplantibacillus plantarum*）、添加布氏乳杆菌（LB组，*Lentilactobacillus buchneri*）。发酵30 d后，LP组pH为4.23，NH_3-N含量4.39%，显著低于其他组（$P<0.05$）。LP组乳酸（LA）含量为7.49%。显著高于其他组（$P<0.05$），LB处理的乙酸（AA）含量显著升高（$P<0.05$）。所有青贮样品中的细菌和真菌群落的Shannon和Chao1指数较鲜样（FM）有所下降。细菌群落结构中，FM组变形菌门（Proteobacteria）为优势门类，而青贮后转变为厚壁菌门（Firmicutes）。在CON处理中，乳杆菌属（*Lactobacillus*）（64.87%）和魏斯氏菌属（*Weissella*）（18.93%）是主要属，而在LB和LP处理中，乳杆菌属（*Lactobacillus*）占据了主导地位（分别为94.65%和99.60%）。真菌群落结构中，FM和CON组主要属为拟青霉属（*Apiotrichum*）（分别为21.65%和60.66%）；发酵后，LB和LP处理的主要属仍由拟青霉属主导，分别占52.54%和34.47%。综上，乳酸菌添加剂均能改善青贮饲料的发酵品质，同时引起微生物群落结构发生变化，减少有害微生物的数量。试验表明植物乳杆菌改良效果较好。

1.7.3 燕麦青贮发酵过程中不同添加剂对其发酵品质及微生物群落结构的影响

本研究探索了植物乳杆菌和布氏乳杆菌对青贮燕麦细菌、真菌群落相关发酵特性以及过程的影响。结果表明，接种植物乳杆菌可提高燕麦青贮饲料的乳酸浓度、降低纤维含量、提高粗蛋白含量，而添加布氏乳杆菌可提高醋酸浓度。在布氏乳杆菌和植物乳杆菌处理的燕麦青贮饲料中，细菌群落的Shannon指数显著低于对照（$P<0.05$），真菌群落的Shannon指数显著高于对照

($P<0.05$)。在青贮 7、10、60 和 90 d 中，乳酸菌在整个发酵过程中占主导地位。同型发酵植物乳杆菌或异型发酵布氏乳杆菌能调节青贮性能、细菌和真菌群落组成。这些结果表明，植物乳杆菌比布氏乳杆菌更适合作为燕麦青贮饲料中的添加剂。

1.8 | 研究技术路线

研究技术路线见图 1-1。

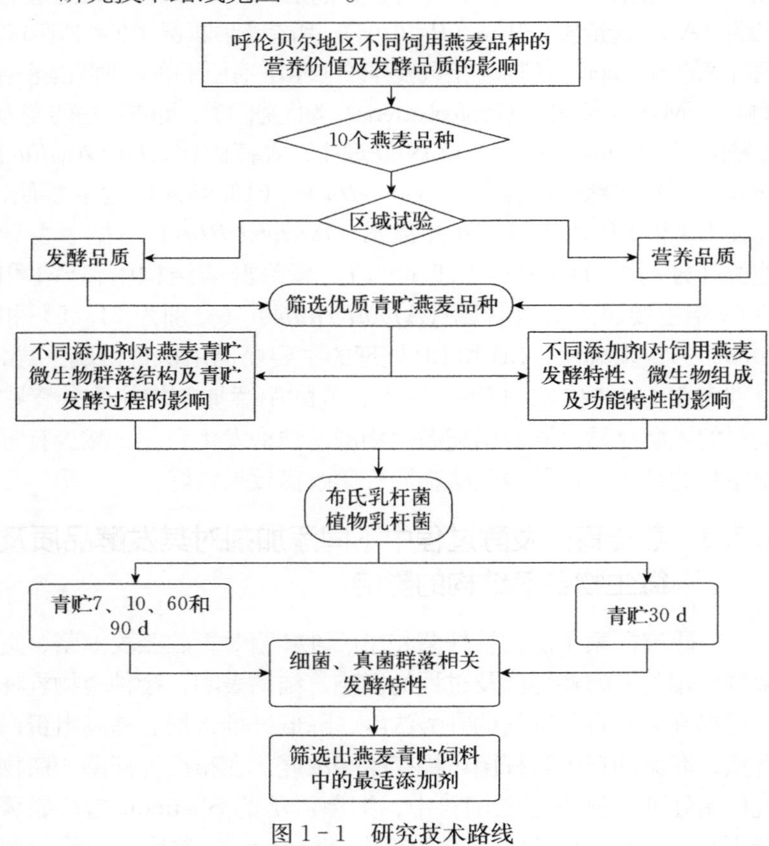

图 1-1 研究技术路线

CHAPTER TWO

2 呼伦贝尔地区不同饲用燕麦品种的营养价值及发酵品质的影响

2.1 材料与方法

2.1.1 试验地概况

试验地点位于中国农业科学院呼伦贝尔草原生态系统国家野外科学观测研究站（49°23′13″N、120°02′47″E），海拔 627～635 m。该地区土壤类型为暗栗钙土，气候属于中温带半干旱大陆季风气候，最高气温为 36.17 ℃，最低气温为－48.5 ℃，年平均气温－2.4 ℃。年积温 1 580～1 800 ℃・d，无霜期为 110 d 左右，降水常集中在 7—9 月，年平均降水量 350～400 mm。

2.1.2 供试品种

采用 10 个燕麦品种，分别为贝勒（Baler）、魅力（Meili）、陇燕 2 号（Longyan No. 2）、陇燕 3 号（Longyan No. 3）、燕王（Yanwang）、青海 444（Qinghai 444）、巴燕 3 号（Bayan No. 3）、林纳（Lena）、白燕 7 号（Baiyan No. 7）、青引 1 号（Qingyin No. 1），均由中国农业科学院农业资源与农业区划研究所提供。

2.1.3 试验设计

样本于2018年在呼伦贝尔草原生态系统国家野外科学观测研究站以条播的方式种植，采用随机区组设计，小区面积 $2\ m\times 5\ m=10\ m^2$，设置重复小区3个，播种行距为40 cm（播种前未施加任何底肥，播种后进行镇压）。将处于乳熟期的燕麦刈割，测定产量后进行青贮调制，切短至2～3 cm，一层一层分装入1 L的聚乙烯塑料罐中，装填密度为 $750\ kg/m^3$[101]。60 d后开封取样，进行营养品质和发酵品质分析[102]。

2.1.4 试验方法

2.1.4.1 干草产量测定

每个小区随机选择 $1\ m\times 1\ m$ 样方，齐地面刈割，3次重复，称取1 kg燕麦鲜草在鼓风干燥箱105 ℃杀青30 min，再将样品65 ℃烘48 h，测定干重，并换算成每公顷的干草产量[103]。

2.1.4.2 营养成分分析

采用烘箱干燥法测定干物质（Dry Matter，DM）含量，将样品65 ℃烘48 h，测定干重，计算干物质含量[104]；采用Van Soest纤维法测定中性洗涤纤维（Neutral Detergent Fiber，NDF）、酸性洗涤纤维（Acid Detergent Fiber，ADF）含量[105]；采用凯氏定氮法测定粗蛋白质（Crude Protein，CP）含量[106]；采用索氏脂肪提取法测定粗脂肪（Crude Fat，EE）含量[107]；采用硫酸-蒽酮比色法测定可溶性碳水化合物（Water Soluble Carbohydrate，WSC）含量[108]。

2.1.4.3 发酵品质分析

采用高效液相色谱仪（岛津GC－8A，日本）测定有机酸含量（乳酸、乙酸、丙酸和丁酸）[109]。采用苯酚-次氯酸比色法测定氨态氮（NH_3-N）含量[110]。采用酸度计（OHAUS－TARTER 100/B型，杭州微米派科技有限公司）测定pH。

2.1.5 数据分析

基础数据利用 Excel 2016 进行分析，利用 SAS 9.0 对数据进行方差分析和对应分析。对应分析也称关联分析、R－Q 型因子分析，其将定量的指标和定性的观测交叠在一起，形成分析表和分析图：分析表量化了指标和观测之间的关系，分析图直观地反映出指标和观测之间的关系。

2.2 结果与分析

2.2.1 不同燕麦品种产量比较

不同类型的燕麦对干草产量有一定影响。青海 444、陇燕 2 号、贝勒 3 个品种的干草产量在 10 000 kg/hm² 以上，3 个品种间差异不显著（P>0.05），青海 444 产量最高，为 11 019.26 kg/hm²；魅力、陇燕 3 号、燕王、白燕 7 号、巴燕 3 号和林纳 6 个品种干草产量在 7 000 kg/hm² 以上，差异不显著（P>0.05）；青引 1 号干草产量最低，为 4 433.59 kg/hm²，占最高青海 444 干草产量的 40%（图 2－1）。10 个燕麦品种青贮饲料的干物质产量为 1 773.65～4 905.45 kg/hm²，干物质产量前三的品种为陇燕 2 号、青海 444 和贝勒，3 个品种间无显著差异（P>0.05）；干物质产量最低的为青引 1 号，显著低于陇燕 2 号、青海 444 和贝勒 3 个品种（P<0.05）。

2.2.2 不同燕麦品种青贮前营养指标分析

10 个燕麦品种的 DM 含量为 35.75%～48.35%，DM 含量在 40%以上的有贝勒、魅力、陇燕 2 号、陇燕 3 号、燕王和青海 444，白燕 7 号的 DM 含量最低；不同品种对 CP 含量有一定影响，其中占干物质的百分比最高的为林纳（13.32%），较陇燕 3 号（9.83%）高出 3.49 个百分点，其次是贝勒和陇燕 2 号，

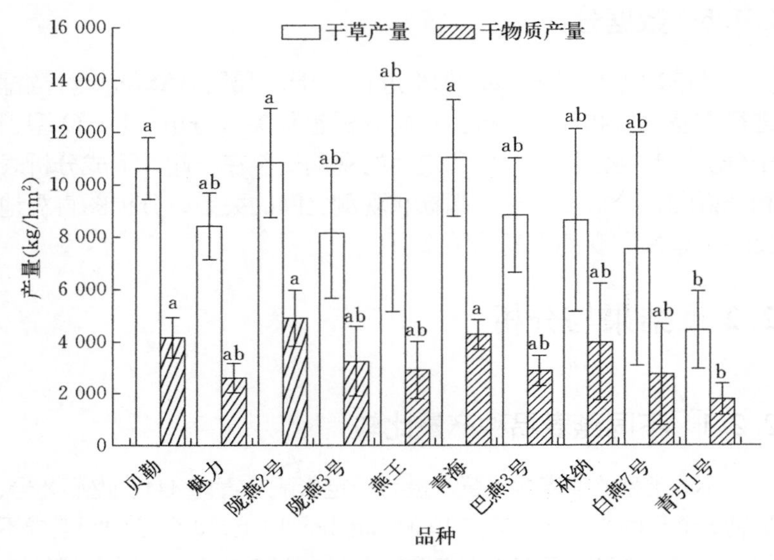

图 2-1 不同品种燕麦的干草产量及干物质产量分析

注：不同小写字母表示差异显著（$P<0.05$）。

分别为 12.93%、12.61%，与 CP 含量最低的陇燕 3 号间有显著性差异（$P<0.05$）；10 个品种中 WSC 含量最高的为青海 444 (16.31%)，含量最低的为魅力（12.07%），两个品种间差异显著（$P<0.05$）（表 2-1）。

表 2-1 不同燕麦品种青贮前营养成分分析（%）

项目	干物质	粗蛋白	可溶性糖
贝勒	48.35 ± 1.52^{a}	12.93 ± 1.05^{ab}	14.96 ± 1.72^{ab}
魅力	44.03 ± 4.41^{abc}	11.17 ± 0.99^{cd}	16.31 ± 2.23^{a}
陇燕 2 号	44.78 ± 2.31^{abc}	12.61 ± 0.16^{ab}	13.61 ± 1.17^{bc}
陇燕 3 号	45.01 ± 2.58^{ab}	9.83 ± 0.65^{e}	12.28 ± 1.16^{c}
燕王	40.46 ± 4.94^{abc}	10.09 ± 0.66^{de}	13.61 ± 1.03^{bc}
青海 444	42.69 ± 2.97^{abc}	12.46 ± 0.29^{ab}	12.07 ± 1.11^{c}

（续）

项目	干物质	粗蛋白	可溶性糖
巴燕3号	38.89±1.98[bc]	10.79±0.68[cde]	12.98±1.61[bc]
林纳	36.73±2.78[bc]	13.32±0.67[a]	14.05±1.43[bc]
白燕7号	35.75±4.22[c]	11.00±0.89[cde]	13.44±1.85[bc]
青引1号	38.31±1.85[bc]	11.98±0.61[bc]	13.04±1.92[bc]

注：同行不同小写字母表示差异显著（$P<0.05$），下表同。

2.2.3 不同燕麦品种青贮饲料营养成分分析

10个燕麦品种青贮饲料的DM含量在30.73%～45.27%，DM含量排前三的品种为陇燕2号、林纳和青引1号，3者间无显著差异（$P>0.05$）；林纳、贝勒和陇燕2号3者的CP含量最高，分别占干物质的12.63%、12.46%和12.41%，陇燕3号的CP含量最低为9.63%，与CP含量最高的3个品种间差异显著（$P<0.05$）；10个燕麦品种中贝勒和林纳的ADF含量最低，分别为25.21%和26.11%，显著低于其他品种（$P<0.05$）；NDF含量为44.94%～50.17%，品种间无显著差异（$P>0.05$）。WSC含量为2.17～4.33 g/kg，平均含量为3.39 g/kg，含量最高为贝勒，最低为燕王，二者间差异显著（$P<0.05$）；EE含量为1.49%～3.70%，平均含量为2.52%，品种间无显著差异（$P>0.05$）（表2-2）。

表2-2 不同燕麦品种青贮饲料营养成分

项目	干物质（%）	粗蛋白（%）	酸性洗涤纤维（%）	中性洗涤纤维（%）	可溶性糖（g/kg）	粗脂肪（%）
贝勒	38.97±3.29[abc]	12.46±1.58[a]	25.21±3.04[e]	45.51±4.68[a]	4.33±0.32[a]	2.46±1.33[a]
魅力	30.73±2.78[c]	10.31±0.81[ab]	35.44±2.31[b]	50.1±4.95[a]	3.28±0.56[abcd]	2.75±1.01[a]

（续）

项目	干物质（%）	粗蛋白（%）	酸性洗涤纤维（%）	中性洗涤纤维（%）	可溶性糖（g/kg）	粗脂肪（%）
陇燕2号	45.27±5.92[a]	12.41±1.3[a]	28.72±1.03[de]	49.79±2.36[a]	2.98±0.61[bcde]	2.31±0.81[a]
陇燕3号	39.07±6.58[abc]	9.63±1.11[b]	31.04±1.24[cd]	49.42±3.57[a]	4.05±0.43[ab]	1.96±0.64[a]
燕王	31.34±2.53[c]	9.83±1.73[b]	41.41±1.59[a]	49.07±1.69[a]	2.17±0.71[e]	2.83±1.22[a]
青海444	39.32±3.81[abc]	11.71±1.23[ab]	35.08±2.22[b]	48.89±0.75[a]	2.56±0.51[de]	3.04±0.54[a]
巴燕3号	32.89±1.98[c]	9.79±0.45[b]	32.71±3.14[bc]	47.62±3.48[a]	2.88±0.49[cde]	1.49±0.4[a]
林纳	43.16±1.78[ab]	12.63±1.53[a]	26.11±1.96[e]	47.18±2.71[a]	4.05±0.65[ab]	2.97±0.79[a]
白燕7号	34.70±3.98[bc]	10.31±1.63[ab]	41.94±0.46[a]	50.17±3.64[a]	3.67±0.84[abc]	2.64±1.19[a]
青引1号	40.05±1.05[abc]	10.76±0.85[ab]	36.04±1.74[b]	44.94±2.43[a]	3.94±0.3[ab]	2.76±0.8[a]

2.2.4 不同燕麦品种青贮饲料发酵品质分析

10个燕麦品种青贮饲料中，pH最低的林纳（4.08）与最高的魅力（4.54）之间差异显著（$P<0.05$），与其他品种间差异不显著（$P>0.05$）（表2-3）。乳酸含量为3.87%～6.86%，排前三的品种为林纳、青海444和陇燕2号，分别为6.86%、6.47%和6.14%，三者间无显著差异（$P>0.05$），与含量最低品种燕王差异显著（$P<0.05$）。乙酸含量最高的品种为青海444（1.15%），含量最低的品种为陇燕2号（0.46%），两者间差异显著（$P<0.05$）。丙酸含量为0.51%～0.87%，平均含

量为0.69%，青引1号的丙酸含量最高，为0.87%，其次是白燕7号，为0.82%，二者间差异不显著（$P>0.05$），含量最低的是青海444，为0.51%，与青引1号和白燕7号间的差异显著（$P<0.05$）。丁酸含量为0.04%～0.17%，小于0.10%的品种有青海444、魅力、陇燕3号、陇燕2号和林纳，与含量最高的燕王之间差异显著（$P<0.05$）。氨态氮含量为5.29%～9.89%，平均含量为7.06%，10个品种的氨态氮含量都小于10.00%，发酵品质良好。总挥发性脂肪酸含量为1.12%～1.70%，品种间无显著差异（$P>0.05$）。

表2-3　不同品种燕麦对青贮发酵品质的影响（%）

项目	pH	乳酸	乙酸	丙酸	丁酸	氨态氮	总挥发性脂肪酸
贝勒	4.22±0.09^{ab}	5.78±1.21^{abc}	0.72±0.19^{ab}	0.80±0.13^{abc}	0.12±0.05^{abc}	8.19±1.62^{ab}	1.64±0.18^{a}
魅力	4.54±0.52^{a}	4.97±0.32b^{cd}	0.86±0.48^{ab}	0.79±0.24^{abc}	0.05±0.04^{cd}	5.75±0.17^{cd}	1.70±0.26^{a}
陇燕2号	4.41±0.23^{ab}	6.14±1.58^{ab}	0.47±0.11^{b}	0.59±0.22^{abc}	0.08±0.02^{bcd}	6.69±0.17b^{cd}	1.14±0.26^{a}
陇燕3号	4.40±0.26^{ab}	4.20±0.22^{d}	0.52±0.10^{b}	0.58±0.01^{abc}	0.07±0.02^{bcd}	7.58±2.04^{bc}	1.17±0.14^{a}
燕王	4.13±0.05^{ab}	3.87±0.14^{d}	0.46±0.12^{b}	0.74±0.06^{abc}	0.17±0.01^{a}	6.04±1.15^{cd}	1.34±0.16^{a}
青海444	4.4±0.10^{ab}	6.47±0.62^{ab}	1.15±0.23^{a}	0.51±0.06^{c}	0.04±0.02^{d}	6.68±0.12b^{cd}	1.70±0.24^{a}
巴燕3号	4.15±0.05^{ab}	3.91±1.14^{d}	0.75±0.15^{ab}	0.68±0.08^{abc}	0.13±0.05^{ab}	9.89±0.03^{a}	1.56±0.12^{a}
林纳	4.08±0.09^{b}	6.86±0.57^{a}	0.51±0.24^{b}	0.53±0.30^{bc}	0.08±0.03b^{cd}	5.29±0.47^{d}	1.12±0.49^{a}

（续）

项目	pH	乳酸	乙酸	丙酸	丁酸	氨态氮	总挥发性脂肪酸
白燕7号	4.31±0.15[ab]	4.42±0.54[cd]	0.59±0.71[ab]	0.82±0.08[ab]	0.13±0.02[ab]	7.46±1.18[bc]	1.54±0.46[a]
青引1号	4.21±0.09[ab]	4.09±0.59[d]	0.72±0.10[ab]	0.87±0.07[a]	0.11±0.08[abcd]	7.01±0.79[bcd]	1.69±0.33[a]

根据10个燕麦品种发酵品质的V－Score评分可知（表2－4），81～100分的有8个品种。由高到低依次为陇燕3号＞林纳＞陇燕2号＞青海444＞魅力＞青引1号＞白燕7号＞贝勒，发酵品质为优；陇燕3号的V－Score得分最高，为87.76。60～80分的有巴燕3号和燕王，分别77.22和78.99，显著低于其他品种（$P<0.05$），发酵品质为一般。没有低于60分以下的品种，说明燕麦是一种良好的青贮原料。

表2－4　10个燕麦品种发酵品质的V－Score评分

品种	氨态氮/总氮	乙酸＋丙酸	丁酸	V－Score
贝勒	50.00±3.03[a]	0.00[d]	30.40±3.67[bcd]	80.49±1.59[c]
魅力	50.00±0.00[a]	0.00[d]	36.00±3.49[ab]	86.07±4.12[abc]
陇燕2号	50.00±0.00[a]	3.41±0.25[a]	33.61±1.39[ab]	87.01±1.53[a]
陇燕3号	50.00±0.83[a]	3.14±0.15[ab]	34.67±1.22[ab]	87.76±0.84[a]
燕王	50.00±0.00[a]	2.33±0.18[b]	26.67±0.92[d]	78.99±1.09[d]
青海444	50.00±0.32[a]	0.00[d]	36.53±1.22[a]	86.53±3.29[abc]
巴燕3号	47.38±0.92[b]	0.51±0.08[c]	29.33±3.78[d]	77.22±1.93[d]
林纳	50.00±0.00[a]	3.54±0.16[a]	33.87±2.01[ab]	87.40±1.23[a]
白燕7号	50.00±0.24[a]	0.71±0.77[c]	29.87±1.67[c]	80.58±1.91[c]
青引1号	50.00±0.00[a]	0.00[d]	31.73±6.21[b]	81.73±6.22[b]

2.2.5 不同燕麦品种与评价指标的对应分析

对应分析可以通过中心化处理、特征值分解来可视化分析两向数据表的行与列之间的对应关系，达到对研究对象的内在联系进行解释的目的。不同燕麦品种在 X 轴两侧，评价指标在 Y 轴两侧，可直观反映评价指标表现突出的代表性品种和各品种对应的优势评价指标（图 2-2）。除乳酸外，pH、CP、ADF、NDF、WSC 指标和燕麦品种可以分为 3 个区域：第Ⅰ区域表明，燕王和白燕 7 号两个品种的 ADF 含量较高；第Ⅱ区域表明，青引 1 号、巴燕 3 号、魅力、陇燕 3 号和青海 444 的 NDF 含量和 pH 较高；第Ⅲ区表明，陇燕 2 号、林纳和贝勒的 CP 和 WSC 含量较高。乳酸与横坐标和纵坐标的距离最远，进一步说明不同燕麦品种对青贮饲料的乳酸含量影响小。

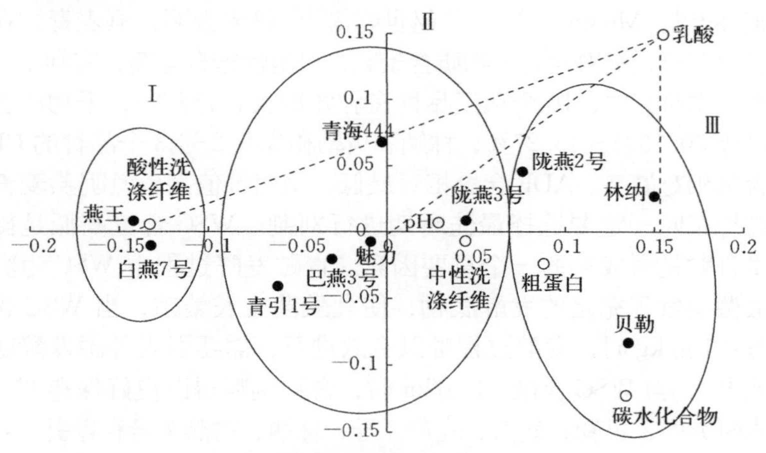

图 2-2 不同燕麦品种与评价指标的对应分析

2.3 | 讨论

燕麦的品种是影响燕麦产量的重要因素，不同品种燕麦产量受自身的遗传因素和外界环境因子（生长的环境、气候条件、土壤母质和肥力等因素）共同影响[111-113]。张光雨等[113]研究得出，在西藏种植的青燕 1 号的产量高于青海 444；琚泽亮等[62]研究表明，在甘肃种植的 7 个燕麦品种中陇燕 3 号产量最高；陈莉敏等[102]研究表明，在四川西北种植的 7 个燕麦品种中，青海甜燕产量最高，其次是青引 1 号；本研究结果表明，在呼伦贝尔地区种植的青海 444 的干草产量最高，青引 1 号干草产量最低。由此可见，燕麦产量受到环境因子影响较大。筛选适宜当地种植的燕麦品种，进行品种区域试验必不可少。

燕麦品种不同导致青贮饲料营养成分含量存在差异，CP、NDF 和 ADF 是反映饲草营养品质的重要指标，动物消化率与 ADF 成负相关，ADF 含量越低，饲草的消化率越高，饲用价值越高[114]。Mustafa 等[115]和赵世峰等[116]研究表明，燕麦青贮在乳熟期接近蜡熟期时干物质含量高，可溶性糖含量高，有利于青贮。本研究中，10 个燕麦品种在乳熟期收获青贮时，干物质含量为 30.73%～45.27%，林纳、贝勒和陇燕 2 号 3 个品种的 CP 含量相对最高、ADF 含量相对最低，饲用价值高。说明燕麦青贮加工时一定要选择最佳时期进行刈割。WSC 含量高低是衡量青贮是否成功的一个重要因素。青贮发酵过程中 WSC 为乳酸菌提供了充足的发酵底物，使乳酸菌生长繁殖，当 WSC 含量$<$1 g/kg 时，发酵过程难以有效进行，需要引入外源发酵底物[117]，当 WSC 含量$>$3 g/kg 时，青贮饲料得以良好保存[118]。本研究中，贝勒、魅力、陇燕 3 号、林纳、白燕 7 号和青引 1 号 6 个品种的 WSC 含量$>$3 g/kg，相对较高，属于优质青贮品种。陇燕 2 号、燕王、青海 444 和巴燕 3 号 4 个品种的 WSC 含量都在 2 g/kg 以上，属于中等发酵品种，但是没有出现腐烂情况。其可能原因是，青贮原料的水分含量和 WSC 含量较低，但发酵 60 d 后乳酸含量相对较高，尤其陇燕 2 号和青海 444 两个品种的乳酸含量大于 6%，pH 未降至 4.2 以下，V－Score 评分也在 80

以上。所以，进行青贮调制时需综合考虑各种因素进行评价才能获得优质青贮。

pH 高低是衡量青贮饲料品质优劣的重要指标之一，较低的 pH 可以保证青贮饲料良好保存。pH 直接影响青贮饲料中乳酸菌的数量[119]。本研究中，10 个燕麦品种 pH 为 4.08～4.54，均呈酸性，有利于青贮发酵。青贮饲料有机酸的种类及含量可以直接反映青贮饲料的发酵品质[120]。青贮发酵主要在厌氧条件下进行，而厌氧环境有利于有机酸的产生，青贮发酵中乳酸和乙酸的含量越高，青贮品质越好，而丁酸含量越高，家畜对青贮饲料采食量越低[121]。琚泽亮等[62]研究发现，7 个燕麦品种中晋燕 17 号的丁酸含量最高，其乳酸含量最低，V - Score 评分最低。本研究表明，10 个燕麦品种中燕王的丁酸含量最高，乳酸含量最低，V - Score 评分较低。主要可能是青贮密封条件差，导致空气进入，乳酸生成较少，适于有害菌的生存和繁殖，产生大量丁酸，降低适口性，品质下降。青贮饲料的氨态氮含量与蛋白质等含氮物质降解紧密相关，反映了青贮饲料的蛋白质降解程度[121]。Kaiser 等[122]指出，发酵品质好的青贮饲料氨态氮含量应低于 10%。本研究中，氨态氮含量最高的是巴燕 3 号，为 9.89%，10 个燕麦品种的氨态氮含量都小于 10%，说明饲草中蛋白质没有大量分解，营养物质保存较好。

采用对应分析方法对指标和品种间进行了综合评价，揭示同一变量在各个类别之间的差异，也可以揭示不同变量在各个类别之间的对应关系[123]。本研究中，林纳、贝勒和陇燕 2 号 3 个燕麦品种在同一个区域，表明 3 个品种的养分含量比较接近；乳酸与各个燕麦品种的距离比较远，并且离坐标轴也远，说明乳酸受品种的影响小，对不同燕麦品种承载信息和各指标承载信息贡献率小，原因是乳酸菌发酵阶段与厌氧条件及青贮原料中的 DM 和 WSC 含量有关。

2.4 小结

综合各项指标考虑，10 个供试品种中林纳干物质产量高（3 973.12 kg/hm^2）、CP 含量最高（12.63%），NDF 和 ADF 含量低（47.18%和 26.11%），发酵品质最优。因此，更适宜作为青贮品种在呼伦贝尔地区种植加工，生产优质青贮饲料。

CHAPTER THREE

3 不同添加剂对饲用燕麦发酵特性、微生物组成及功能特性的影响

3.1 | 材料和方法

3.1.1 试验地概况

试验材料采集地位于中国农业科学院呼伦贝尔草原生态系统国家野外科学观测研究站（49°23′13″N、120°02′7″E），海拔627～635 m。气候属于中温带半干旱大陆季风气候，最高气温36.17 ℃，最低气温－48.5 ℃，年平均气温－2.4 ℃。年积温1 580～1 800 ℃·d，无霜期为110 d左右，降水常集中在7—9月，年平均降水量350～400 mm。该地区土壤类型为暗栗钙土，全氮含量2.5%，全磷含量0.06%，全钾含量2.6%，有机质含量2.4%，pH为7.58。

3.1.2 试验材料

试验选用青贮燕麦品种为林纳，由中国农业科学院农业资源与农业区划研究所提供。植物乳杆菌（MTD－1）和布氏乳杆菌（40 788）均购自江苏绿科生物技术公司。

3.1.3 试验设计

试验采用单因素试验设计，分别用蒸馏水、植物乳杆菌、布氏乳杆菌接种燕麦，分别作为对照组（CON）、植物乳杆菌处理组（LP）、布氏乳杆菌处理组（LB），每组三个重复，菌剂溶于水搅拌均匀，添加量均为每克鲜重 1×10^6 cfu。将 250 g 切碎的饲用燕麦装入 32 cm×26 cm 的聚乙烯袋添加菌剂搅拌均匀，真空密封，在室温下发酵 30 d 后测定营养成分、发酵特性及微生物多样性。

3.1.4 测定指标及方法

3.1.4.1 营养品质的测定

取混合均匀的原料与青贮料，将其在 65 ℃鼓风干燥箱中烘干至恒重，用粉碎机粉碎，过 40 目筛，密封保存备用。干物质含量使用烘箱干燥法进行测定；水溶性碳水化合物采用蒽酮-硫酸比色测定法测定[124]；粗蛋白含量采用凯氏定氮法测定[125]；中性洗涤纤维、酸性洗涤纤维使用 ANKOM A200i 纤维分析仪进行测定[126-127]。

3.1.4.2 发酵品质的测定

pH 使用玻璃电极 pH 计测定，乳酸（LA）、乙酸（AA）、丙酸（PA）和丁酸（BA）使用液相色谱仪进行测定[129]，NH_3-N 含量采用纳氏试剂分光光度法（HJ 535—2009）测定[129]。

3.1.4.3 微生物数量计数

取燕麦原料或青贮饲料样 20 g，加入 180 mL 灭菌生理盐水，将浓度从 1×10^{-1} 连续梯度稀释到 1×10^{-7}，采用 MRS（Lactobacilli de Man，Rogosa，Sharpe）培养基 30 ℃厌氧培养乳酸菌，72 h 后计数；采用孟加拉红培养基 28 ℃下培养酵母菌和霉菌，72 h 后计数[129]。

3.1.5 原料及青贮饲料微生物多样性测定

将燕麦青贮样品送至广东基迪奥生物技术有限公司进行微生

物数据的测定。使用 HiPure Sotool DNA 试剂盒，根据生产厂家的操作规程，提取 FM 和青贮样品中的微生物 DNA。为了评估细菌群落，用 799F（5′-AACMGGATTAGATACCCKG-3′）和 1193R（5′-ACGTCATCCCCACCTTCC-3′）[130]获得了覆盖 16S rRNA V5～V7 高变区的扩增产物。同样，用引物 ITS1_F_KYO2（5′-TAGAGGAAGTAAAAGTCGTAA-3′）和 ITS86R（5′-TTCAAAGATTCGATGATTCAC-3′）获得了覆盖真菌 DNA ITS 区的扩增产物[131]。

3.1.6 微生物群落分析

使用 R 版本 3.5.1 中的分裂扩增去噪算法（DADA2）进行编辑、唯一序列选择、嵌合体鉴定、读出组装和扩增子序列变体（ASV）检测和分组[132]。对生物体的 ASV 分类使用了根据 RDP 分类器的朴素贝叶斯模型，基于 SILVA（细菌）[118]或 ITS2（真菌）数据库[133]，应用了 80%的置信度阈值。用 QIIME v1.9.1[134]计算了 α 多样性指数 Chao1 和 Good's 覆盖率。

主坐标分析（PCoA）采用 R 包（2.5.3）中未加权或加权的 Unifrac 距离。使用 Krona v2.6 可视化分类单元丰度[135]。细菌群落组成用 R v2.2.1[136]可视化，结果用堆叠条形图表示。用 Circos v0.69-3[137]得到了真菌的门和属的丰度水平，结果显示为圆形布局。用热图程序包 v1.0.12 绘制了门和属的丰度图，并用热图[138]表达了这些结果。利用 R v1.8.4[139]对物种间的 Spearman 相关系数进行了评估，并利用在线平台（http://www.omicsmart.com）建立了相关系数网络。在线工具（https://www.omicstudio.cn/tool/60）用于线性判别分析（LDA）效应大小（LEfSe）分析，以 LDA 评分>3 和 $P<0.05$ 为阈值。

3.1.7 统计分析

青贮性能的分析数据（DM、WSC、CP、ADF、NDF、

pH、LA、AA、PA、NH_3-N 参数）表示为三次测定的平均值±标准误差。采用 SPSS 27 软件对青贮料品质指标进行单因素方差分析。通过一般线性模型对数据进行加性效应（y_j）评估：$y_j=\mu+\alpha_i+\varepsilon_{ij}$，其中 μ 是总体平均值，α_i 是加性效应，ε_{ij} 是残差[70]，并且处理之间的显著差异在 5%的概率水平[138]。使用该模型，评估变量与因素（添加剂和发酵时间）之间的相关性。

3.2 | 结果与分析

3.2.1 青贮原料特性

青贮前饲用燕麦的化学成分和微生物种群如表 3-1 所示。其中 DM 含量为 42.69%（占鲜重）。WSC、CP、NDF 和 ADF 含量分别为 16.33%、12.47%、53.33%和 34.05%。原料 FM 中，乳酸菌、酵母菌和霉菌的数量分别为 4.57 lg cfu/g、4.67 lg cfu/g 和 4.13 lg cfu/g。

表 3-1 青贮前燕麦的营养成分和微生物数量

指　标	数　值
干物质（%，占鲜重）	42.69
水溶性碳水化合物（%）	16.33
粗蛋白（%）	12.47
中性洗涤纤维（%）	53.33
酸性洗涤纤维（%）	34.05
乳酸菌（lg cfu/g）	4.57
酵母菌（lg cfu/g）	4.67
霉菌（lg cfu/g）	4.13

注：cfu，菌落形成单位。

3.2.2 不同添加剂对燕麦青贮中发酵品质的分析

由表 3-2 可知，青贮 30 d 后，LP 组的 DM 含量显著低于 CON 组和 LB 组（$P<0.05$），而 CON 组的 DM 含量高于 LB 组；LP 组的 WSC 含量最低，为 14.33%，显著低于 CON 组、LB 组；LP 组 pH 最低，为 4.23，显著低于 CON 组、LB 组，而 CON 组和 LB 组之间的 pH 没有显著差异；LP 组的 NH_3-N 含量为 4.39%，显著低于 CON 组和 LB 组（$P<0.05$），CON 组和 LB 组之间差异不显著；三个处理之间的 LA 浓度差异显著（$P<0.05$），排序为 LP（7.49%）>LB（5.51%）>CON（4.47%）；AA 含量最低的 LP 组为 1.22%，显著低于 CON 组和 LB 组，最高为 LB 组（2.48%），显著高于 CON 组和 LP 组（$P<0.05$）；此外，与 CON 和 LP 组相比，LB 组的 PA 浓度也显著升高（$P<0.05$），而 CON 和 LP 组之间差异不显著（$P>0.05$）。BA 在所有组中均未检出。

表 3-2 燕麦青贮的发酵品质（%）

指　标	对照组（CON）	布氏乳杆菌（LB）	植物乳杆菌（LP）
干物质	43.13 ± 0.05^{a}	42.93 ± 0.35^{a}	41.17 ± 0.47^{b}
水溶性碳水化合物	25.66 ± 1.08^{a}	17.50 ± 0.51^{b}	14.33 ± 0.57^{c}
酸碱度	4.67 ± 0.13^{a}	4.57 ± 0.03^{a}	4.23 ± 0.08^{b}
NH_3-N	6.13 ± 0.11^{a}	5.96 ± 0.33^{a}	4.39 ± 0.88^{b}
乳酸	4.47 ± 0.32^{c}	5.51 ± 0.22^{b}	7.49 ± 0.27^{a}
乙酸	1.74 ± 0.12^{b}	2.48 ± 0.17^{a}	1.22 ± 0.05^{c}
丙酸	0.09 ± 0.03^{b}	0.15 ± 0.02^{a}	0.05 ± 0.02^{b}
丁酸	ND	ND	ND

注：同行不同小写字母表示差异显著（$P<0.05$），下表同。

3.2.3 不同添加剂对燕麦青贮中细菌群落组成影响的分析

本研究中，获得了 1 853 774 个高质量的细菌读数。考虑到 97%的序列同源性，16*S rRNA* 基因测序鉴定的 ASV 总量为 486 个，并且 LP 处理的 ASV 数量最低（27 个），显著低于其他各组（$P<0.05$）。Chao1 指数最低为 LP 组（32.14），最高为 LB 组（60.72），两组间差异显著（$P<0.05$）；FM 组与 CON 组 Chao1 指数无显著差异（$P>0.05$）。与 FM 组相比，CON 组的 Shannon 指数显著升高（$P<0.05$），LP 组的 Shannon 指数显著下降（$P<0.05$），而 LB 组的 Shannon 指数无显著差异；CON、LB 和 LP 三个处理间差异显著（$P<0.05$）；LP 处理的 Shannon 指数最低（0.06）。Good's 覆盖度指数（0.99）表明，测序深度适合于分析这些处理中的细菌群落（表 3-3）。

表 3-3 细菌群落中扩增子文库的特征

特 征	原料组（FM）	对照组（CON）	布氏乳杆菌组（LB）	植物乳杆菌组（LP）	总 数
读数数量（个）	112 652±2 668^{c}	180 449±2 986^{a}	170 449±3 186^{ab}	17 429±10 062^{b}	1 853 774
ASV 数量（个）	37.00±1.00^{ab}	51.00±7.00^{a}	46.00±3.00^{a}	27.00±2.00^{b}	486.00
Chao1 指数	47.60±2.11^{ab}	57.65±10.49^{ab}	60.72±9.19^{a}	32.14±6.06^{b}	
Shannon 指数	1.18±0.34^{b}	2.12±0.11^{a}	1.46±0.07^{b}	0.06±0.01^{c}	
Good's 覆盖度	0.99	0.99	0.99	0.99	

维恩图描绘了不同处理方法的扩增子序列变异体（ASV），在所有处理中，共有 4 个 ASV 作为核心属存在（彩图 1A）。

主坐标分析（PCoA）表明（彩图 1B），四组样本被分为三个聚落，FM 组和 LB 组样本分别处于 PCoA 图中部右侧和左上角且远离其他组；LP 组样本与 CON 组样本处于 PCoA 图左下角且远离其他各组，表明两样本间细菌群落结构相似。

各处理组在门和属水平上的细菌群落结构分别如彩图 1C、D 所示，在门水平上（彩图 1C）FM 组优势菌门为变形菌门（Proteobacteria）（99.90%），青贮后 CON、LB、LP 组优势菌门为厚壁菌门（Firmicutes），说明厚壁菌门在发酵过程中占主导地位。

在属水平上（彩图 1D），FM 优势属为欧文氏菌属（*Erwinia*）其次为假单胞菌属（*Pesudomnas*），青贮后乳杆菌属（*Lactobacillus*）和魏斯氏菌属（*Weissella*）是 CON 组中的优势属，LB 和 LP 组优势属为乳杆菌属。

LEfSe 数据揭示了各处理之间的本质不同的分类特征（彩图 1E）。欧文氏菌属主要集中在 FM 组中。发酵过程结束后，CON 处理富含魏斯氏菌属，而 LP 和 LB 处理富含嗜盐单胞菌属（*Halomonas*）和乳杆菌属。

3.2.4 不同添加剂对燕麦青贮中真菌群落组成影响的分析

本研究总共获得了 771 465 个高质量的真菌读数。考虑到 97%的序列同源性，*ITS* 基因测序确定的 ASV 总量为 602 个，并且在 CON 组发现最低的 ASV。CON、LB、LP 处理间的 Chao1 指数差异不显著（$P>0.05$）。与 FM 相比，LB 和 LP 处理的 Shannon 指数均显著降低（$P<0.05$）。Good's 覆盖度指数均为 0.99，表明测序深度适合于分析这些样品中的真菌群落（表 3-4）。

维恩图描绘了不同处理中的 ASV。所有处理共有 14 个 ASV 核心属，其中 FM、CON、LB 和 LP 处理分别有 37、25、31 和 61 个 ASV（彩图 2A）。

表 3-4　真菌群落中扩增子库的特征

特征	原料 FM	对照组 CON	布氏乳杆菌 LB	植物乳杆菌 LP	总数
读数数量（个）	65 210±1 001	64 992±2 456	65 227±1 927	61 725±362	771 465
ASV 数量（个）	51±9[b]	36±1[b]	43±4[b]	69±2[a]	602
Chao1 指数	55.33±7.80[a]	42.20±2.04[b]	45.08±5.05[b]	41.06±2.24[b]	
Shannon 指数	3.26±0.43[ab]	2.43±0.07[bc]	2.28±0.30[c]	2.05±0.14[c]	
Good's 覆盖度	0.99	0.99	0.99	0.99	

主坐标分析（PCoA）表明（彩图 2B），四个处理组被分为三个聚落，FM 组样本和多数 LB 组样本处于中部左侧且远离其他各组，表明两样本间细菌群落结构相似。LP 组样本和 CON 组样本均远离其他各组。

各处理组在门和属水平上的真菌群落结构分别如彩图 2C、D 所示。门水平上（彩图 2C），担子菌门（Basidiomycota）是 FM 组和青贮料中的优势门，其次是子囊菌门（Ascomycota）。

属水平上（彩图 2D），FM 组和青贮料中的真菌组成结构各不相同。在 FM 组和 CON 组中，主要属分别为拟青霉属（*Apiotrichum*）和布勒担孢酵母属（*Bulleromyces*）。LB 组和 LP 组主要属为拟青霉属（*Apiotrichum*）。

LEfSe 数据揭示了 FM 组和各种处理之间显著不同的分类特征（彩图 2E）。FM 组布勒担孢酵母属和网孢菌属（*Filobasidium*）较丰富。青贮剂处理后，LB 青贮处理中的拟青霉属较集中，LP 处理中拟黑粉菌属（*Ustilago*）较多。

3.2.5 不同添加剂对燕麦青贮微生物群落与发酵特性的相关性分析

在目前的研究中，热图被用来评估微生物属（前10名）和发酵特征之间的相关性。乳酸含量与乳杆菌属显著正相关（$Rho=0.967$，$P=0.0002$），DM、NH_3-N、pH和WSC与乳酸菌成显著负相关（DM：$Rho=-0.695$，$P=0.038$；NH_3-N：$Rho=-0.8$，$P=0.013$；pH：$Rho=-0.917$，$P=0.001$；WSC：$Rho=-0.962$，$P<0.0001$）。乳球菌属（*Lactococcus*）、片球菌属（*Pediococcus*）和魏斯氏菌属与乳酸含量成负相关（$Rho=-0.867$，$P=0.005$；$Rho=-0.933$，$P<0.001$；$Rho=-0.917$，$P=0.001$），与pH成正相关（$Rho=0.783$，$P=0.017$；$Rho=0.933$，$P<0.001$；$Rho=0.8$，$P=0.014$），与WSC成正相关（$Rho=0.904$，$P<0.001$；$Rho=0.979$，$P<0.01$；$Rho=0.904$，$P<0.001$）。

真菌群落和发酵品质之间相关性如彩图3B所示。黑粉菌属和布勒担孢酵母属与乳酸含量成正相关（$Rho=0.803$，$P=0.009$；$Rho=0.833$，$P=0.008$）。黑粉菌属与pH（$Rho=-0.840$，$P=0.005$）、NH_3-N（$Rho=-0.858$，$P=0.003$）和WSC（$Rho=-0.880$，$P=0.002$）成负相关。此外，球腔菌属（*Mycosphaerella*）和网孢菌属分别与AA（$Rho=-0.842$，$P=0.004$；$Rho=-0.757$，$P=0.018$）和PA（$Rho=-0.673$，$P=0.047$；$Rho=-0.705$，$P=0.033$）含量成负相关。

3.3 | 讨论

本研究通过对植物乳杆菌和布氏乳杆菌处理的饲用燕麦进行多项理化分析，结合微生物扩增子测序，探究了植物乳杆菌和布氏乳杆菌处理的饲用燕麦的青贮性能和微生物群落结构，有助于了解乳酸菌对饲用燕麦青贮的影响。

青贮料的青贮性能主要受原料 DM 含量、WSC 含量和乳酸菌数量的影响[141]。FM 中 DM 含量是直接影响青贮料品质的关键因素[142]。在本研究中，饲用燕麦在乳熟期收获，DM 含量>300 g/kg，这与 Wang[143]的研究一致，即 DM 值在 300～400 g/kg 有利于生产优质青贮料。新鲜燕麦样品的 NDF 和 ADF 含量与 Wang[143]的数据相似，而 DM、WSC 和 CP 含量相对较高，这可能是植物基因型、播种密度和收获时间不同的结果[144]。一般来说，乳酸菌的数量和种类是控制青贮发酵和决定是否需要添加接种剂的关键因素[145]。对于保存良好的青贮料，饲料原料中的乳酸菌数量应为 10^5 cfu/g 或更高[146]，在本研究条件下，原料中的乳酸菌含量低于要求，添加乳酸菌是本试验获得优质饲用燕麦青贮料的必要条件。

发酵 30 d 后，LP 组、LB 组的 DM 和 WSC 浓度均比 CON 组降低，LP 组最低，这是因为 WSC 可作为乳酸菌在青贮料中生长的主要底物[147]。pH 通常被认为是青贮料质量的关键监测参数[148]。研究表明，腐败性细菌可以被酸性环境抑制，pH 不高于 4.2 被认为是保存良好青贮料的指标之一[149-150]。本研究中，与 CON 组和 LB 组相比，添加植物乳杆菌显著降低了 pH，这可能是由于添加了同种发酵剂产生更多的 LA 产物，进而导致了较低的 pH[72]。此外，在接种布氏乳杆菌的青贮料中发现了较高的 pH，这与前人发现布氏乳杆菌处理的青贮料的 pH 较高是一致的，这是因为布氏乳杆菌将 LA 降解为 AA 和 1，2-丙二醇[151]。因此，LP 处理表现出较低的 DM、WSC 含量和 pH，而 CON 组和 LB 组则表现出较高的 AA 含量。此外，接种布氏乳杆菌的饲用燕麦青贮料中也含有较高水平的 PA，原因为食二酸乳杆菌（*L. diolivorans*）能将 1，2-丙二醇转化为 PA 和 1-丙醇[152]。本研究中没有检测到 BA 的产生[153]，这表明不良微生物的数量很少[154]。

进行高通量测序以评估细菌群落和结构的变化，以及预测代谢功能。Chao1 和 Shannon 指数反映了微生物丰富度和物种多样性[155]。在本研究中，Shannon 指数分析发现，FM 组和燕麦青贮料的细菌多样性存在显著差异，这与以前报告的一致，即由于不需要的微生物被 pH 抑制并逐渐被 LAB 取代，α 多样性降低[70-71]。本研究中，原料和所有燕麦青贮样品的覆盖率超过 0.99，这表明测序可以准确地反映细菌群落[79]。在 PCoA 图中，本研究中的 FM 组、CON 组、LB 组和 LP 组被很好地分开，表明不同的添加剂对细菌群落有一定的影响，这与得到证实的报告相似，即添加剂增加了细菌群落的变异性，并可以解释青贮品质的差异[155]。

变形杆菌门是 FM 组中的优势门，约占所有细菌种类的 99%。在燕麦青贮料中，主要类群从变形杆菌门转移到厚壁菌门，这与 Du 的研究一致[156]。在属水平上，原料和燕麦青贮料的微生物数量发生了显著的变化。研究表明，保存良好的青贮饲料中的优势细菌群落由乳杆菌属、乳球菌属、足孢子菌属 (*Pedicoccus*)、魏斯氏菌属和明串珠菌属（*Leuconostoc*）组成，这些细菌在直立植物中很常见，并导致青贮饲料的初始 pH 下降[157]。在发酵过程中，欧文氏菌属的丰度明显下降。在厌氧条件下，酸性环境（pH＜5.40）可能会抑制欧文氏菌属的丰度增长[158]。本研究发现，与 CON 组相比，LB 组和 LP 组的乳杆菌属丰度在数值上有所增加，可能是因为添加剂的加入创造了有利于乳酸菌生长的环境[159]。片球菌（*Pediococcus*）的物种，如戊糖小球菌（*Pediococcus pentosaceus*）常被用作青贮料接种剂，因为它在青贮初期阶段起着主导作用，促进 pH 下降[160]。本研究中 LB 组和 LP 组在 30 d 后片球菌属的丰度显著降低。这可能解释了片球菌属与 LA 含量之间的负相关，因为片球菌属在低 pH 下由于 LA 积累而被乳酸菌竞争性抑制[161]。魏斯氏菌属是革兰氏阳性、过氧化氢酶阴性、异型发酵细菌[162]，在青贮的早期阶段也起着关键作用。在本研究中，乳酸菌取代了魏斯氏菌属在 LA 组与 LB 组中的丰度，这与片球菌属在乳酸发酵过程中随着 pH 的降低而逐渐受到抑制的结论相似[71]。

早期对发酵系统的研究主要集中在对细菌群落的描述，特别是对乳酸菌的结构和功能的描述。然而，目前人们对发酵中的真菌多样性有了更加深入的研究[163-164]。真菌群落主要与青贮料的有氧腐烂有关，本研究利用 ITS 扩增序列分析了青贮 30 d 后不同处理燕麦青贮料中真菌群落的变化。在真菌群落的所有处理中，Good's 覆盖率都为 0.99，与细菌群落的覆盖率相似，这表明其扩增子序列的最佳深度可用于所有青贮样品的可靠分析[165]。Shannon 指数是一个常用的参数，它与物种多样性成正比。本研究中 Shannon 指数在发酵后下降，可能是由于厌氧和酸性环境不支持真菌的繁殖和生存[166-167]。在真菌门水平上，ITS 检测到的优势门有担子菌门和子囊菌门，这与子囊菌门是玉米青贮中的主要真菌门的结果不一致[168-169]，这可以由原料、加工工艺和环境条件来解释[170]。与 FM 组相比，拟青霉属在燕麦青贮料中的丰度增加，该结果与其他报道的优势真菌属在象草青贮料[171]、发酵脱脂米糠[166]和红豆草青贮料[170]中不一致。这些结果可以用一系列分解代谢反应来解释，这些反应为这些属的生长提供了必要的营养[165]。布勒担孢酵母属的特点是底物种类相对最多，包括树叶和发酵饲料[171]。在本研究中，布勒担孢酵母属在 FM 组中的相对丰度较高，而在燕麦青贮料中的相对丰度较低，这与 Grazia 等[172]发现布勒担孢酵母属是玉米材料中的优势真菌不一致，可能为特殊环境下采后样品中富含的布勒担孢酵母属[173]。

为了说明鉴定出的微生物与测定的青贮产品之间的关系，Spearman 分析用热图显示了 10 个最主要的微生物属。结果表明，乳酸含量与乳酸菌属成显著正相关，DM、NH_3-N、pH 和 WSC 与乳酸菌属成负相关[174]，因为燕麦可以为青贮的发酵提供充足的 WSC[70]。乳球菌属、片球菌属和魏斯氏菌属与乳酸含量成负相关，与 pH 和 WSC 成正相关。这些微生物是敏感的酸性细菌，可以被酸性环境抑制，从而在低 pH 水平下减少丰度[70]。

此外，球腔菌属和网孢菌属与 AA 含量成负相关，AA 能抑制真菌繁殖，这可能是延长青贮料的有氧稳定性的主要原因[70]。

3.4 小结

添加植物乳杆菌和布氏乳杆菌能有效改善燕麦青贮饲料的发酵品质和提高乳酸菌丰度，其中植物乳杆菌更有利于降低青贮料的 pH 和 NH_3-N，提高乳酸含量。在未来，添加植物乳杆菌是提高青贮饲料品质的一种有潜力的途径。

CHAPTER FOUR

4 燕麦青贮发酵过程中不同添加剂对其发酵品质及微生物群落结构的影响

4.1 材料和方法

4.1.1 试验地概况

本研究在内蒙古自治区呼伦贝尔市中国农业科学院国家野外科学观测研究站开展，地理坐标为 49°23′13″N、120°02′47″E，海拔高度为 600～650 m。气候属大陆季风气候，平均年降水量 350～400 mm，年均温 −2.4 ℃，年积温 1 580～1 800 ℃ · d，无霜期 110 d 左右，湿润度 0.49～0.50。土壤类型主要为暗栗钙土，有机质含量丰富，土壤属弱碱性。

4.1.2 试验材料

试验选用青贮燕麦品种为林纳，由中国农业科学院农业资源与农业区划研究所提供，于乳熟期刈割。试验选用乳酸菌（Lactic acid bacteria，LAB）主要类型为布氏乳杆菌（1×10^6 cfu/g）、植物乳杆菌（1×10^6 cfu/g）。植物乳杆菌、布氏乳杆菌均由江苏绿科生物技术有限公司提供。

4.1.3 试验设计

本次试验共设置 3 个处理，植物乳杆菌（*Lactobacillus plantarum*，LP）组、布氏乳杆菌（*Lactobacillus buchneri*，LB）组、对照组（CK），菌剂添加量均为 1×10^6 cfu/g。首先将燕麦在室外晾晒至水分含量为 65%后，将燕麦切成 2～3 cm 大小的小段，分别添加 1×10^6 cfu/g 植物乳杆菌、布氏乳杆菌（溶于水搅拌均匀）、蒸馏水（对照组），搅拌均匀后，装入 260 mm×180 mm的聚乙烯塑料袋中进行真空密封。每袋约 250 g 燕麦原料，每组 3 个重复。室温贮存 7、10、60、90 d 后开袋取样，进行营养品质、发酵品质和微生物群落测定分析。

4.1.4 青贮饲料指标测定

4.1.4.1 营养指标测定

干物质用烘箱法，将样品放入 65 ℃恒温烘箱中烘干 48 h 后，冷却至室温进行重量测量，计算干物质含量[141]；粗蛋白含量采用凯氏定氮法[142]进行测定；可溶性碳水化合物采用蒽酮比色法[143]进行测定；中性洗涤纤维采用 Van Soest 纤维法测定，酸性洗涤纤维采用 Van Soest 纤维法测定，木质素（Lignin，ADL）含量参照《饲料分析及饲料质量检测技术》测定[144]。

4.1.4.2 发酵指标测定

采用四分法随机取 10 g 样品放入 15 cm×10 cm 的真空包袋中，同时加入 90 mL 蒸馏水[144]，使用匀质仪拍打 3 min（10 次/min）后用定性滤纸过滤制备浸提液待测发酵指标。采用雷磁-25 型酸度计测定 pH[145]；采用苯酚-次氯酸比色法[146]测定氨态氮（Ammonia-nitrogen，NH_3-N）含量，氨态氮占总氮的百分数即 NH_3-N/TN 含量；使用 GC8 A 型高效液相色谱仪分析测定滤液中的乳酸、乙酸、丙酸、丁酸含量[147]。

4.1.4.3 微生物组成测定

取燕麦原料或青贮饲料样 20 g，加入 180 mL 灭菌生理盐水，

将浓度从 1×10^{-1} 连续梯度稀释到 1×10^{-7}，采用 MRS 培养基 30 ℃厌氧培养乳酸菌，72 h 后计数；采用孟加拉红培养基 28 ℃下培养酵母菌和霉菌，72 h 后计数[129]。

4.1.4.4 DNA 提取和 PCR 扩增及高通量测序

为分析燕麦青贮饲料的微生物群落，所有样本在提取 DNA 之前都储存在－80 ℃。后将燕麦青贮样品送至广东基迪奥生物技术有限公司，使用 HiPure Sotool DNA 试剂盒，根据生产厂家的操作规程，提取 FM 组和青贮样品中的微生物 DNA。采用引物 799F（5′- AACMGGATTAGATACCCKG - 3′）和 1193R（5′- ACGTCATCCCCACCTTCC - 3′）对细菌 16S rRNA 的 V5～V7 区进行扩增[147]；引物 ITS1 _ F _ KYO2（5′ TAGAGGAAGTAAAAGTCGTAA - 3′）和 ITS86R（5′- TTCAAAGATTCGATGATTCAC - 3′）用于靶向真菌的 DNA ITS 区进行扩增子产生。PCR 扩增在总容量为 25 μL 的反应混合物中进行，包括模板 DNA（25 ng）、PCR 预混物（12.5 μL）和引物（每种引物 2.5 μL），并用 PCR 级水调节体积。扩增原核 16S rDNA 片段的 PCR 条件包括 30 s 初始变性（98 ℃）；35 个循环，包括 10 s 初始变性（98 ℃）、30 s 退火（54 ℃/52 ℃）和 45 s 延伸（72 ℃）；然后 10 min 最终延伸（72 ℃）。PCR 产物用 1% 琼脂糖凝胶电泳进行检测。在 DNA 提取过程中，使用超纯水作为阴性对照，以排除假阳性 PCR 结果的可能性。使用 AMPure XT 磁珠（Beckman Coulter Genomics）纯化 PCR 产物，并使用 Qubit（Invitrogen）进行定量。在 300 PE MiSeq 中对文库进行测序，一个文库使用标准的 Illumina 测序引物通过两种方法进行测序，消除了第三次索引读取的需要。

4.1.4.5 微生物群落分析

使用 Rv3.5.1 中的分裂扩增子去噪算法（DADA2）进行编辑、唯一序列选择、嵌合体识别、读出组装以及扩增子序列变体（ASV）检测和分组[131]。对生物体的 ASV 分类使用 RDP 分类器朴素贝叶斯模型（http：//rdp.cme.msu.edu/），基于 SILVA

(细菌)[132]或ITS2（真菌)[133]数据库，置信度阈值为80%。使用QIIME1.9.1计算α多样性指标、Chao1指数和Good's覆盖率[134]。主坐标分析（PCoA）采用R软件包（v2.5.3）中未加权或加权的Unifrac距离。使用Krona v2.6可视化分类单元丰度[135]。用R软件包（v2.2.1）获得细菌群落组成，并将结果用堆叠条形图表示。用Circos v0.69－3[136]绘制真菌群落的门和属丰度，并将结果显示在环形布局中。Pheatmap包（v1.0.12）用于绘制门和属的丰度图，并使用热图[137]可视化结果。用R（v1.8.4）分析计算物种Spearson相关系数，并利用在线平台（http：//www.omicsmart.com）建立相关系数网络。在线工具（https：//www.omicstudio.cn/tool/60）用于进行线性判别分析（LDA）效应大小（LEfSe）分析，以LDA评分＞3和$P<0.05$为阈值。

4.1.5 数据处理

青贮性能的分析数据（DM、WSC、pH、LA、AA、PA和NH_3－N参数）表示为三次测定的平均值±标准误差。采用SAS 9.0软件分析不同时间的营养品质及发酵品质。通过一般线性模型对数据进行加性效应评估，采用SAS 9.2软件的单因素分析程序进行数据的统计分析，以$P<0.05$为差异显著性判断标准。所有数据均采用一般线性模型：$Y_{ij}=\mu+\alpha_i+\beta_j+(\alpha\times\beta)_{ij}+\varepsilon_{ij}$，其中$\mu$代表总体均值；$\alpha_i$代表添加剂的影响；$\beta_j$代表青贮时间的影响；$(\alpha\times\beta)_{ij}$代表添加剂与青贮时间的交互作用；$\varepsilon_{ij}$代表残差误差，并且处理之间的显著差异在5%的概率水平[139]。使用该模型评估变量与因素（添加剂和发酵时间）之间的相关性。

4.2 结果与分析

4.2.1 青贮前燕麦原料营养指标分析

燕麦原料营养成分和微生物数量如表4－1所示。燕麦的

WSC、CP、ADF 和 NDF 含量分别占 DM 的 16.30%、12.46%、34.05%和 53.33%。燕麦原料中，LAB 含量为 4.57 lg cfu/g，霉菌为 4.13 lg cfu/g。

表 4-1 燕麦原料营养指标分析

项目	数值
干物质（%）	42.69
可溶性碳水化合物（%）	16.30
粗蛋白（%）	12.46
中性洗涤纤维（%）	53.33
酸性洗涤纤维（%）	34.05
木质素（%）	4.81
乳酸菌 LAB（lg cfu/g）	4.57
酵母菌（lg cfu/g）	4.67
霉菌（lg cfu/g）	4.13

4.2.2 燕麦青贮发酵过程中不同添加剂对营养品质的影响

燕麦青贮不同发酵时期营养品质分析如表 4-2 所示。各处理组 DM 含量均无显著差异（$P>0.05$）。青贮 90 d 时，LB 处理组青贮的 WSC 含量低于 CK 处理组和 LP 处理组，为 2.00 g/kg。在青贮过程中，LB 处理组 CP 含量持续降低，青贮 90 d 时降至最低为 12.25%；LP 处理组燕麦青贮 CP 含量一直高于 CK 和 LB 处理组；青贮 60 d 时，LP 处理组 CP 含量最高，为 14.08%。发酵过程中各处理组间的 ADF 浓度为 39.55%～43.26%，各组间无显著差异（$P>0.05$）；同一时间内 LP 处理组燕麦青贮 ADF 浓度低于 CK 和 LB 处理组；青贮 10 d 时，LP 组 ADF 浓度最低。NDF 浓度的变化与 ADF 含量的变化一致，LP 处理组燕麦青贮饲料 NDF 含量低于 CK 和 LB 处理组。在发酵过程中，LP 处理组 ADL 含量显著低于 CK 和 LB 处理组（$P<0.05$）；发酵 7 d 时，LP 处理组 ADL 最低，为 5.06%。

表 4-2　燕麦青贮发酵过程中不同添加剂对营养品质的影响

项目	时间 (d)	处理			标准误差	P 值		
		CK	LB	LP		添加剂	时间	相互作用
干物质 (%)	7	42.83^{aA}	42.56^{aA}	42.50^{aA}	0.34	0.148	0.082	0.265
	10	43.16^{aA}	42.60^{aA}	42.33^{aA}				
	60	43.14^{aA}	43.13^{aA}	42.22^{aA}				
	90	41.85^{aA}	43.05^{aA}	42.32^{aA}				
可溶性碳水化合物 (g/kg)	7	2.57^{aA}	2.83^{aA}	2.80^{aA}	0.12	0.001	<0.001	0.007
	10	1.86^{bB}	2.40^{aAB}	3.00^{aA}				
	60	1.76^{aB}	2.43^{aAB}	2.36^{aB}				
	90	2.15^{aAB}	2.00^{aB}	2.16^{aB}				
粗蛋白 (%)	7	12.57^{bA}	13.00^{bA}	13.75^{aA}	0.44	<0.001	0.958	0.003
	10	11.20^{bB}	12.79^{aA}	14.03^{aA}				
	60	11.46^{bAB}	12.28^{bA}	14.08^{aA}				
	90	12.45^{bAB}	12.25^{abA}	13.42^{aA}				
酸性洗涤纤维 (%)	7	41.37^{abA}	42.50^{aA}	39.70^{bA}	1.04	<0.001	0.161	0.026
	10	42.94^{aA}	40.68^{bB}	39.55^{bA}				
	60	43.26^{aA}	42.75^{aA}	39.62^{bA}				
	90	42.08^{aA}	42.40^{aA}	40.34^{bA}				
中性洗涤纤维 (%)	7	66.97^{aAB}	68.00^{aA}	63.23^{bA}	1.39	<0.001	0.613	0.008
	10	68.40^{aA}	66.68^{bAB}	62.63^{cA}				
	60	67.54^{aAB}	66.38^{aB}	62.62^{bA}				
	90	66.08^{aB}	65.58^{aB}	63.11^{bA}				

（续）

项目	时间(d)	处理			标准误差	P值		
		CK	LB	LP		添加剂	时间	相互作用
木质素(%)	7	5.49^{abA}	5.79^{aA}	5.06^{bA}	0.05	<0.001	0.426	0.043
	10	5.66^{aA}	5.39^{abB}	5.10^{bA}				
	60	5.65^{aA}	5.77^{aA}	5.14^{bA}				
	90	5.42^{aA}	5.70^{aAB}	5.32^{bA}				

注：小写字母表示同一青贮天数处理间差异显著（$P<0.05$），大写字母表示同一处理内差异显著（$P<0.05$）。

4.2.3 燕麦青贮发酵过程中不同添加剂对发酵品质影响的分析

不同发酵时间对燕麦青贮发酵品质的影响如表4-3所示。7、10、60、90 d各处理pH有所差异。LB处理组青贮饲料pH高于CK和LP处理组，LP处理组青贮饲料pH低于CK处理组（$P<0.05$）。青贮后7、10、60和90 d，LB处理组燕麦的LA含量均低于CK和LP处理组。在青贮过程中，青贮饲料中AA的积累量逐渐增加，LB处理组的燕麦青贮饲料中的AA浓度高于CK和LP处理组；在青贮期的60和90 d，经LB处理的燕麦青贮饲料的AA浓度最高，为2.51%。CK、LB处理组PA含量在发酵7～60 d内均呈上升趋势；青贮60 d时，LP处理组PA含量显著低于CK和LB处理组（$P<0.05$）。本研究未检测到BA。各青贮期青贮饲料中NH_3－N浓度基本呈持续上升趋势；与CK和LB处理组相比，添加LP的青贮饲料中，除青贮7 d外，其他青贮期NH_3－N浓度均较低。

表 4-3　燕麦青贮发酵过程中不同添加剂对发酵品质的影响（%）

项目	时间(d)	处理			标准误差	P-value		
		CK	LB	LP		添加剂	时间	相互作用
pH	7	4.64^{aA}	4.73^{aA}	4.42^{bA}	0.01	<0.001	0.157	0.888
	10	4.55^{aA}	4.65^{aA}	4.38^{bA}				
	60	4.55^{abA}	4.64^{aA}	4.38^{bA}				
	90	4.55^{bA}	4.65^{aA}	4.40^{cA}				
乳酸	7	4.54^{bC}	3.60^{bA}	6.27^{aA}	0.036	<0.001	0.037	0.035
	10	4.82^{bB}	4.65^{bC}	6.31^{aA}				
	60	5.45^{abA}	4.54^{bA}	6.57^{aA}				
	90	5.17^{aAB}	4.26^{bA}	6.61^{aA}				
乙酸	7	1.90^{aB}	2.21^{aA}	0.71^{bB}	0.11	<0.001	<0.001	0.059
	10	1.87^{aB}	2.45^{aA}	0.74^{bB}				
	60	2.37^{aAB}	2.51^{aA}	1.38^{bA}				
	90	2.42^{aA}	2.51^{aA}	1.70^{bA}				
丙酸	7	0.08^{aA}	0.12^{aA}	0.04^{bB}	<0.01	<0.001	0.002	0.712
	10	0.09^{abA}	0.14^{aA}	0.09^{bB}				
	60	0.14^{aA}	0.16^{aA}	0.05^{bB}				
	90	0.14^{aA}	0.16^{aA}	0.15^{aA}				
氨态氮	7	1.61^{aA}	1.70^{aA}	1.65^{aA}	0.06	0.076	0.19	0.035
	10	1.83^{aA}	1.69^{aA}	1.65^{aA}				
	60	2.01^{aA}	1.86^{aA}	1.73^{aA}				
	90	2.13^{aA}	2.02^{aA}	1.91^{aA}				

注：同行不同小写字母表示同一青贮天数处理组间差异显著（$P<0.05$），同列不同大写字母表示同一处理内差异显著（$P<0.05$）。所有青贮饲料中均未检出丁酸。

4.2.4　燕麦青贮饲料的细菌群落组成和多样性

通过对不同处理组燕麦青贮饲料进行 16S rRNA 扩增序列测

序，分析燕麦青贮饲料细菌多样性和群落组成，每个样品平均获得 159 285 条有效数据。燕麦青贮的细菌多样性和细菌群落组成如彩图 4 所示。在青贮发酵过程中，植物乳杆菌和布氏乳杆菌处理的燕麦青贮饲料的 α 多样性显著低于对照（$P<0.05$），LP 处理的 α 多样性显著低于 LB 处理（彩图 4A）。本研究采用基于未加权和加权 UniFrac 距离的主坐标分析方法（PCoA），分析了燕麦青贮饲料的细菌 β 多样性，并确定影响它们之间差异的因素。结果表明，在发酵过程中存在明显的细菌演替，而在未添加或添加植物乳杆菌和布氏乳杆菌的青贮饲料中，细菌群落并没有明显分离（彩图 4B、C）。燕麦青贮中细菌群落门和属水平的变化分别如彩图 4D 和彩图 4E 所示。在青贮前，优势门为变形菌门，占细菌群落的 99%（彩图 4D），而主要的细菌属为欧文菌属（60.99%）和假单胞菌属（*Pseudomonas*）（1.80%）。在青贮过程中，3 组青贮饲料的细菌群落组成逐渐相似，且随着发酵过程的延长发生明显的规律性变化。在整个发酵过程中，乳杆菌属的相对丰度迅速增加，而 *Erwinia* 和短小杆菌属（*Curtobacterium*）的丰度下降（彩图 4E）。*Lactobacillus* 在整个青贮发酵过程中占主导地位。与 LB 和 LP 处理相比，CK 处理中的 *Lactobacillus* 丰度较低。

为了检验添加剂对发酵过程青贮饲料中细菌类群的影响，进行了 LEfSe 分析（彩图 5A～C）。发酵 7 d 的燕麦青贮中，CK 处理富集了乳球菌属等有益菌群，而 LP 和 LB 处理青贮富集了魏斯氏菌和 *Erwinia* 等有害菌群。发酵 10 d 后，CK 和 LB 处理均富含肠球菌属（*Enterococcus*），与 CK 和 LB 处理相比，LP 处理无显著差异（$P>0.05$）。发酵 60 d 后，LP 处理青贮无显著差异，但 LB 处理青贮富集了 γ - 变形菌（*Gammaproteobacteria*）等有害菌群。发酵 90 d 的燕麦青贮中，CK 和 LB 处理青贮富集了乳酸杆菌科（Lactobacillaceae）等有益菌群，LP 处理青贮富集了 *Lactococcus*。

4.2.5 燕麦青贮发酵过程中不同添加剂对真菌群落组成和多样性的影响

本研究对不同处理组燕麦青贮饲料进行 ITS 扩增子测序，分析燕麦青贮饲料真菌多样性和群落组成，每个平均样品获得63 752 个有效数据。燕麦青贮饲料的真菌多样性和真菌群落组成如彩图 6 所示。青贮 7 和 10 d 时，LB 和 LP 处理的燕麦青贮的 α 多样性显著高于 CK 处理（$P<0.05$）；而青贮 60 和 90 d 时，LB 和 LP 处理的 α 多样性下降（彩图 6A）。本研究基于主坐标分析（PCoA）分析燕麦青贮饲料真菌的 β 多样性，结果表明，随着发酵过程的进行，真菌演替显著，未添加 LP 和 LB 的青贮真菌群落无明显分离（彩图 6B、C）。燕麦青贮中真菌群落在门和属水平上的动态分别列于彩图 6D 和彩图 6E 中。青贮前以担子菌门（55.14%）、子囊菌门（18.10%）和 Anthophyta（22.61%）为主，约占 95%（彩图 6D）。主要真菌属是布勒担孢酵母属（21.66%）、掷孢酵母属（*Sporobolomyces*）（10.04%）和拟青霉属（8.86%）。

在青贮过程中，3 个青贮组的真菌群落组成相似，且随着发酵过程的延长有明显的规律性变化。在整个发酵过程中，*Bulleromyces*、*Sporobolomyces* 和 *Apiotrichum* 的相对丰度在整体发酵过程中迅速下降（彩图 6E）。青贮 7～10 d，LP 处理青贮的 *Apiotrichum* 显著低于 CK 和 LB 处理。发酵 60 d 后，3 组青贮饲料中的优势真菌为 *Apiotrichum* 和 *Cladosporium*，且 CK 处理 *Cladosporium* 丰度高于 LP 和 LB 处理。

如彩图 5D、E 所示，LEfSe 分析探讨了发酵时间和不同添加剂处理对真菌群落结构的影响。在 CK 处理中，发酵时间总体上无显著差异。发酵 7 d 的燕麦青贮饲料中，LB 和 LP 处理的真菌群落呈显著多样性。在发酵 10 d 时，LB 和 LP 处理的青贮饲料中红球藻菌（Erythrobasidiaceae）成为优势菌群。发酵 90 d 时，LB 和 LP 处理的青贮饲料中含有大量的 *Apiotrichum*，而

Aspergillus 等不良真菌在 LB 处理的青贮饲料中含量较高。

4.2.6 燕麦青贮发酵过程中不同添加剂对营养品质和发酵品质与微生物群的相关性研究

通过相关性热图，根据 Spearman 分析（彩图 7A、B）评估细菌属（前 10 名）与营养品质/发酵品质之间的相关性。如彩图 7A 所示，DM 和 ADL 含量与乳杆菌属成显著负相关（DM：*Rho*=−0.508，*P*<0.01；ADL：*Rho*=−0.548，*P*<0.01）。ADF 和 NDF 含量与 *Lactobacillus* 成显著负相关（ADF：*Rho*=−0.669，*P*<0.01；NDF：*Rho*=−0.769，*P*<0.01）。ADF 和 NDF 与 *Enterococcus*（ADF：*Rho*=0.622，*P*<0.01；NDF：*Rho*=0.710，*P*<0.01）和 *Weissella*（ADF：*Rho*=0.691，*P*<0.01；NDF：*Rho*=0.607，*P*<0.01）成显著正相关。此外，CP 与 *Lactobacillus* 成显著正相关（*Rho*=0.754，*P*<0.01），与 *Enterococcus*（*Rho*=−0.719，*P*<0.01）、*Weissella*（*Rho*=−0.707，*P*<0.01）、*Lactococcus*（*Rho*=−0.554，*P*<0.01）和 *Pediococcus*（*Rho*=−0.479，*P*<0.01）成显著负相关。WSC 含量与 *Weissella*（*Rho*=−0.552，*P*<0.01）、*Lactococcus*（*Rho*=−0.369，*P*<0.01）成显著负相关。细菌属与发酵特性之间的相关性如彩图 7B 所示。LA 浓度与 *Lactobacillus* 成显著正相关（*Rho*=0.457，*P*<0.01），与 *Erwinia* 成负相关（*Rho*=−0.587，*P*<0.01），与 *Enterococcus* 成负相关（*Rho*=−0.546，*P*<0.01）。NH_3-N 含量对细菌群落无显著影响。pH 与 *Lactobacillus* 成显著负相关（*Rho*=−0.418，*P*<0.01），与 *Erwinia* 成显著正相关（*Rho*=0.530，*P*<0.01），与 *Enterococcus* 成显著正相关（*Rho*=0.548，*P*<0.01）。AA 浓度与 *Lactobacillus* 成显著负相关（*Rho*=−0.524 5，*P*<0.01）。根据 Spearman 分析（彩图 4C、D）评估真菌属（前 10 名）与营养品质/发酵品质之间的相关性。结果显示，DM、ADF 和 NDF 含量与 *Aspergillus* 成显著负相关

(DM：*Rho*=−0.204，*P*=0.204；ADF：*Rho*=−0.036，*P*=0.837；NDF：*Rho*=−0.141，*P*=0.412)。此外，LA 与 *Bulleromyces*（*Rho*=0.400，*P*=0.016)、*Ustilago*（*Rho*=0.236，*P*=0.167)、*Sporobolomyces*（*Rho*=0.217，*P*=0.205)、*Aspergillus*（*Rho*=0.033，*P*=0.845）和网孢菌属（*Rho*=0.001，*P*=0.993）成显著正相关；pH 与这些真菌成显著负相关。

4.3 讨论

4.3.1 燕麦青贮发酵过程中不同添加剂对营养品质的影响

青贮是一种延长反刍动物饲料供应期的有效方法[148]。在本研究中，ADF 和 NDF 的含量与 Wang 等[149]研究结果一致，但 CP 和 WSC 的含量明显较高，这些差异可归因于多种因素，如植物种类、基因型、播种密度、施肥、灌溉、收获期和环境等[149]。饲草和牧草中的 WSC 含量在促进 LAB 发酵中起着至关重要的作用[150]。本试验中 WSC 含量为 16.30%，满足优质青贮品种的要求。发酵过程还取决于 LAB 的数量。Long 等[151]研究表明，新鲜材料中的乳酸菌数量最低应大于 5.0 lg cfu/g。本研究 WSC 含量高于要求，但 LAB 数量较低（<5.0 lg cfu/g)，有害微生物较多，这可能是导致不良发酵的原因之一[152]。因此，研究乳酸菌在青贮发酵和微生物组相关变化中的作用非常重要。

4.3.2 燕麦青贮发酵过程中不同添加剂对发酵品质的影响

与原料相比，发酵过程前 7 d WSC 含量的降低对于抑制有害微生物和减少营养损失至关重要[153]。研究表明，在青贮的前 7 d 内，所有处理的 pH 降低，LA 和 AA 浓度增加。pH 是评价青贮饲料发酵质量的重要参数，其下降归因于 WSC 发酵过程中产生 LA 和 AA[154]。因此，随着发酵时间的延长，WSC 含量和 pH 降低，而 LA 和 AA 浓度升高。LP 处理组的 pH 低于 CK 和 LB 处理组，而 LB 处理组的 AA 和 PA 浓度高于 CK 和 LP 处理组，这可能与布氏乳杆菌和植物乳杆菌的发酵特性有关。Lee[152] 等研究表明，异型乳酸菌发酵，如布氏乳杆菌，可以通过戊糖磷酸途径增加 AA 和 PA 的含量来提高有氧稳定性（彩图 8）。此外，同型乳酸菌发酵，如植物乳杆菌，通过 Emden - Meyerhoff 途径、磷酸酮醇酶途径和戊糖磷酸途径从葡萄糖、戊糖和木糖产生 LA[167,153-154]。同样，与 CK 和 LB 处理组相比，LP 处理组的 CP 含量较高，ADF、NDF、DAL 和 NH_3 - N 含量较低。在发酵过程中，由于植物酶和微生物代谢，蛋白质的降解是不可避免的[151]。本研究中较低的 CP 含量和较高的 NH_3 - N 含量表明在整个青贮过程中发生了蛋白质降解，这种降解可能归因于植物酶和微生物代谢的共同作用[155]。尤其是在 CK 和 LB 处理组中，NH_3 - N 含量较高。LP 处理组中较低的 pH 抑制了梭状芽孢杆菌和曲霉菌等有害微生物的生长和代谢，从而导致蛋白质降解减少，这与 Kung[155] 等研究结果相似。在青贮过程中，可消化细胞壁在水解活动下被分解，包括微生物活动、酶促和酸解[164]。

4.3.3 燕麦青贮发酵过程中不同添加剂对细菌群落组成和多样性的影响

在青贮发酵过程中，利用 16S rRNA 测序分析了细菌多样性和组成。使用 α 多样性评估细菌群落的差异性。所有样本的覆盖值都超过 0.99（数据未显示），表明 16S rRNA 测序的深度足以合理地反映细菌群落。在本研究中，利用 Shannon 指数分析了燕麦青贮饲料的细菌多样性，其随着发酵过程的延长而显著不同，这与 Lin 等[162] 研究结果一致。Ren[164] 等研究表明，由于 pH 抑制了不良微生物而导致 α 多样性下降，这些微生物逐渐被 LAB 取代。PCoA 图清晰地显示了基于发酵周期的 3 种处理的分离而产生的差异。这表明发酵过程和添加剂的使用对燕麦青贮饲料的细菌群落有显著影响。研究发现，细菌门中变形杆菌是青贮饲料原料中的优势门，而厚壁菌门在所有发酵期中都被鉴定为最有优势的门。Proteobacteria 包括泛菌属（*Pantoea*）、假单胞菌属、鞘脂单胞菌属（*Sphingomonas*）和 *Erwinia*[151-156]。本研究与先前的结果一致，在燕麦的青贮发酵过程中，优势菌门从 Proteobacteria 转移到了 Firmicutes，这种转变很可能是由于 Firmicutes 微生物在低 pH 及厌氧条件下能够茁壮生长，同时在青贮后 WSC 含量降低所致[157-158]。青贮过程中，*Erwinia* 的丰度显著下降，这与 McGarvey 等[159]研究结果一致。在厌氧条件下，酸性环境（pH＜5.4）可能会抑制 *Erwinia* 的丰度[160]。青贮期前 7 d，*Lactobacillus* 为优势菌属，在 LP 和 LB 处理组中占 90%以上，添加植物乳杆菌和布氏乳杆菌加速了发酵过程，改善了 *Lactobacillus* 的生长。随着发酵周期的延长，CK 处理组 *Lactobacillus* 丰度增加，*Lactococcus* 和 *Pediococcus* 数减少。Graf[161]等研究结果表明，*Lactococcus* 和 *Pediococcus* 在青贮的早期阶段开始发酵，随着青贮时间的延长，则被具有更强耐酸特性的 *Lactobacillus* 所取代。本研究中，随着青贮期的延长，*Lactobacillus* 的水平高于 *Lactococcus* 和 *Pediococcus*。

4.3.4 燕麦青贮发酵过程中不同添加剂对真菌群落组成和多样性的影响

在全球范围内，真菌群落在青贮饲料的好氧腐败中的作用被广泛关注，而其在发酵过程中的演替一直没有得到令人满意的解释，特别是在燕麦青贮饲料中。利用 ITS 扩增序列分析了燕麦青贮中真菌群落的动态变化。总的来说，所有样品中的覆盖率都高于 0.99（数据未显示），与细菌群落的结果相似，表明 ITS 扩增子序列的深度足以进行可靠的分析[162]。用 Shannon 指数来反映真菌群落的多样性。在本研究中，与 CK 处理组相比，LB 和 LP 处理组的 Shannon 指数在青贮期的前 7 d 和 10 d 呈上升趋势，然后在 60 d 和 90 d 下降，这与细菌多样性的变化不同。一个可能的原因可能是在青贮初期，由于有氧环境更适合真菌，真菌的生长速度高于细菌，在青贮的最后阶段，真菌的生长似乎减少，这可以用好氧微生物消耗氧气来产生厌氧和酸性环境来解释，这些环境不适合支持真菌的繁殖和生存[162-163]。在整个发酵过程中，真菌种类以 Basidiomycota 为主，其次是 Ascomycota 和 Anthophyta，而真菌种类最多的是 Basidiomycota 和 Ascomycota。这些结果与之前发现的合孢菌门（Chytridiomycota）、Ascomycota、接合菌门（Zygomycota）和 Basidiomycota 是亚热带象草青贮的优势真菌门不一致[164]。在属水平上，*Apiotrichum*、*Sporobolmyces* 和 *Bullermyces* 在 FM 中的相对丰度较高，这与 Grazia 等[165]发现地霉菌是玉米原料中的优势真菌不一致。这些差异可能是由材料和环境造成的[166]。在青贮期的前 7 d 和 10 d，LP 处理组的优势菌属与 CK 和 LB 处理组不同；青贮期 90 d 后，CK 处理组以 *Apiotrichum* 和 *Sarocladium* 为主，不同于以 *Apiotrichum* 和 *Cladosporium* 为优势属的 LB 和 LP 处理组。这些结果可以用一系列分解代谢反应来解释，这些反应提供了支持这些属生长必要的营养[163]。一些结果与其他关于象草青贮[164]、发酵脱脂米糠[162]和红豆草青贮[167]中的优势微生物的报道不一致。*Sarocladium* 在厌氧发酵 90 d 后在对照组（CK 处理组）中显示出较高丰度，并且在这一过程中有效地控制了土壤传播疾病[168]。

4.3.5 燕麦青贮发酵过程中不同添加剂对营养品质和发酵品质与微生物群落的相关性分析

网络分析已成为研究节点和项目之间关系的流行工具[169]。微生物组的相关网络提供了丰富信息的可视化总结，并已成功地用于识别青贮微生物组与青贮品质之间的潜在相关性。微生物群落多样性可以反映理化特性的变化，添加剂的使用会显著影响营养/发酵品质和微生物群落[149-150,171]。研究微生物群落与青贮特性的相关性，有助于更好地了解影响青贮品质的关键细菌和真菌[171]。在本研究中，*Lactobacillus* 与 CP 和 LA 成正相关，而与 pH 和 AA 成负相关，这与先前的研究一致[171]。这些发现表明，*Lactobacillus* 可能在提高发酵质量和保存燕麦青贮方面具有重要作用。*Enterococcus* 细菌与 pH、PA、AA 成正相关，与 LA 成负相关。一方面，*Enterococcus* 属于 LAB，只有在 pH>4.5 的条件下才能生长[159]；另一方面，*Entercoccus* 在青贮饲料中可以将 LA 转化成 AA 和 PA[170]。本研究发现，假单胞菌与 AA 和 PA 成正相关，因其能将 D-半乳糖醛酸盐转化为丙酮酸，并产生 AA 和其他产物。真菌群落也在青贮饲料特性的发展中发挥着重要作用。然而，在青贮饲料中发现真菌群落与发酵特性之间的相关性是有限的。通常在低营养环境中发现的 *Sporobolomyces* 表现出与 CP 和 WSC 正相关，而与 ADF、NDF、ADL、AA 和 PA 表现出负相关。这些趋势与先前研究的发现一致[172]。这可以解释 *Sporobolomyces* 通常生活在低营养环境中[173]。然而，通过扩增片段测序获得的关于青贮饲料真菌群落和功能的信息有限，*Sporobolomyces* 在青贮饲料中的具体作用尚未完全了解[172-173]。利用高通量测序技术研究燕麦青贮饲料中细菌和真菌等微生物群落、结构和功能的变化，结果表明，在整个发酵过程中，许多代谢活动被激活，各种细菌和真菌与这些途径有关。在燕麦青贮发酵过程中，布氏乳杆菌或植物乳杆菌介导的厌氧生物强化对饲料具有较好的适应性。

4.4 | 小结

本研究探究了添加乳酸菌介导的生物强化在提高燕麦青贮饲料质量中的潜在应用见解，并强调了微生物群落调控在青贮中的重要性。研究了添加 LP、LB 对燕麦青贮发酵品质和微生物群落的影响，结果表明，两种 LAB 菌株均改善了燕麦青贮的青贮性能，其中 LP 处理组 pH、NH_3-N 显著降低，LA 含量增加。添加剂改变了燕麦青贮中细菌和真菌群落的组成和结构，促进了优势菌群的代谢。综上，植物乳杆菌更适合于改良燕麦青贮品质。

参 考 文 献

[1] 周启龙 . 16 个燕麦品种在西藏高寒牧区的引种试验 [J]. 现代农业科技，2020，2 (1)：33 - 34.

[2] 杜忠 . 燕麦在中国的利用现状综述 [J]. 安徽农学通报，2018，24 (20)：54 - 57.

[3] 宋雪梅 . 燕麦 β-葡聚糖的提取、纯化及脂肪酸分析 [D]. 兰州：甘肃农业大学，2006.

[4] 闫亚飞 . 河套灌区不同饲草生产性能与品质研究 [D]. 北京：中国农业科学院，2016.

[5] 祁学东 . 高寒牧区燕麦营养价值及其评价 [J]. 畜牧兽医杂志，2012，31 (4)：100 - 101.

[6] 陈新，吴斌，张宗文 . 燕麦种质资源重要农艺性状适应性和稳定性评价 [J]. 植物遗传资源学报，2016，17 (4)：577 - 585.

[7] Nadeau E. Effects of plant species, stage of maturity and additive on the feeding value of whole - crop cereal silage [J]. J. Sci. Food Agric, 2007, 87: 789 - 801.

[8] Bikel D, Ben - Mair Y A, Yoav S, et al. Nutritive value for high - yielding lactating cows of barley silage and hay as a substitute for wheat silage and hay in low - roughage diets [J]. Anim. Feed Sci. Tech, 2020, 265: 114498.

[9] Teixeira F R, Buffière P, Bayard R. Ensiling for biogas production: Critical parameters. A review [J]. Biomass and Bioenergy, 2016, 94 (Supplement C): 9404.

[10] 张淼 . 高寒地区低温青贮优良乳酸菌的筛选及低温青贮体系的优化 [D]. 郑州：郑州大学，2018.

[11] 杨玲，郭海艳 . 青贮饲料的制作方法及注意事项 [J]. 新疆畜牧业，2007 (2)：56.

[12] 李连任 . 青贮饲料的加工调制技术 [J]. 中国乳业，2021 (8)：19 - 23.

[13] 张梅山 . 优质青贮饲料制作及其在畜牧生产中的应用 [J]. 畜牧兽医

科技信息，2022 (8)：233 - 234.

[14] 力宁．青贮饲料加工调制技术 [J]. 特种经济动植物，2023，26 (4)：186 - 188.

[15] 逯登忠．青贮饲料调制技术 [J]. 青海畜牧兽医杂志，2008，193 (1)：64.

[16] 杨茁萌，陶莲．如何制作高品质青贮饲料 [J]. 中国乳业，2012，126 (6)：26 - 32.

[17] 王封霞，曹志军．奶牛高 (全) 青贮日粮的设计与实践 [J]. 中国乳业，2019 (4)：36 - 41.

[18] 翟桃．青贮饲料的调制技术探究 [J]. 中兽医学杂志，2015，198 (12)：115.

[19] 李正武．青贮饲料的调制技术 [J]. 中国畜牧兽医文摘，2013，29 (12)：188.

[20] 乔赛毛措．青贮饲料的调制技术及其应用 [J]. 青海畜牧兽医杂志，2014，44 (5)：55.

[21] Muck R E，Nadeau E M G，McAllister T A，et al. Silage review：Recent advances and future uses of silage additives [J]. Journal of dairy science，2018，101 (5)：3980 - 4000.

[22] 占文源，冯雪莹，刘奕婷，等．不同乳酸菌添加剂对谷子青贮品质及CNCPS组分的影响 [J]. 饲料研究，2024，47 (6)：106 - 110.

[23] 那彬彬．茶渣添加对紫花苜蓿和甜高粱营养品质和微生物多样性的影响 [D]. 贵阳：贵州大学，2023.

[24] 孙海军，郭乃维，张鑫，等．葡萄糖代谢中间产物对机体代谢的影响及其在猪生产中的应用 [J]. 动物营养学报，2023，35 (5)：2748 - 2755.

[25] 曾晨，程娟，衡曦彤，等．复合菌剂转化褐煤产腐植酸机理研究 [J]. 煤炭转化，2023，46 (2)：36 - 44.

[26] 程丰．外源添加剂减少好氧堆肥过程氮素损失的效果研究 [D]. 无锡：江南大学，2021.

[27] 孙尧．不同酶制剂的应用对麦芽糖化工艺及啤酒发酵过程影响的研究 [D]. 哈尔滨：东北农业大学，2023.

[28] Zhang Q，Wei Z，Yan T，et al. Identification and evaluation of genetic diversity of agronomic traits in oat germplasm resources [J]. Acta Agrestia Sinica，2021，29 (2)：309.

[29] 郑殿升，张宗文．中国燕麦种质资源国外引种与利用 [J]. 植物遗传资源学报，2017，18 (6)：1001-1005.

[30] 叶雪玲，甘圳，万燕，等．饲用燕麦育种研究进展与展望 [J]. 草业学报，2023，32 (2)：160-177.

[31] Ayalew H, Anderson J D, Kumssa T T, et al. Screening oat germplasm for better adaptation to cold stress in the Southern Great Plains of the United States [J]. Journal of Agronomy and Crop Science, 2019, 205 (2): 213-219.

[32] Edgar R C. Search and clustering orders of magnitude faster than BLAST [J]. Bioinformatics, 2010, 26 (19): 2460-2461.

[33] Magoc T, Salzberg S L. FLASH: fast length adjustment of short reads to improve genome assemblies [J]. Bioinformatics, 2011, 27 (21): 2957-2963.

[34] Edgar R C. UPARSE: highly accurate OTU sequences from microbial amplicon reads [J]. Nat Methods, 2013, 10 (10): 996-998.

[35] Caporaso J G, Kuczynski J, Stombaugh J, et al. QIIME allows analysis of high-throughput community sequencing data [J]. Nat Methods, 2010, 7 (5): 335-336.

[36] Zhang C, Liu G B, Xue S, et al. Soil bacterial community dynamics reflect changes in plant community and soil properties during the secondary succession of abandoned farmland in the Loess Plateau [J]. Soil Biology & Biochemistry, 2016, 97: 40-49.

[37] Qin J J, Cai Z M, Li S H. A metagenome-wide association study of gut microbiota in type 2 diabetes [J]. Nature, 2012 (7418): 55-60.

[38] Mccabe M S, Cormican P, Keogh K, et al. Illumina MiSeq phylogenetic amplicon sequencing shows a large reduction of an uncharacterised Succinivibrionaceae and an increase of the *Methanobrevibacter gottschalkii* clade in feed restricted cattle [J]. PloS one, 2015 (7): e133234.

[39] Neher D A, Weicht T R, Bates S T, et al. Changes in bacterial and fungal communities across compost recipes, preparation methods, and composting times [J]. PloS one, 2013 (11): e79512.

[40] Jaenicke S, Ander C, Bekel T, et al. Comparative and joint analysis of two metagenomic datasets from a biogas fermenter obtained by 454-

pyrosequencing [J]. PLoS One, 2011 (1): e14519.

[41] Li Z P, Wright A D G, Liu H L, et al. Bacterial Community Composition and Fermentation Patterns in the Rumen of Sika Deer (*Cervus nippon*) Fed Three Different Diets [J]. Microbial Ecology, 2015 (2): 307 - 318.

[42] Li X, Chen F, Wang X. Impacts of low temperature and ensiling period on the bacterial community of oat silage by SMRT [J]. Microorganisms, 2021, 9 (2): 274.

[43] Chen L, Bai S, You M, et al. Effect of a low temperature tolerant lactic acid bacteria inoculant on the fermentation quality and bacterial community of oat round bale silage [J]. Animal Feed Science & Technology, 2020: 114669.

[44] Wang S, Li J, Zhao J. Effect of epiphytic microbiota from napier grass and Sudan grass on fermentation characteristics and bacterial community in oat silage [J]. Journal of applied microbiology, 2021.

[45] Wang C, Sun L, Xu H, et al. Microbial communities, metabolites, fermentation quality and aerobic stability of whole - plant corn silage collected from family farms in desert steppe of North China [J]. Processes, 2021 (5): 784.

[46] Looft T, Johnson T A, Allen H K, et al. In - feed antibiotic effects on the swine intestinal microbiome [J]. Proceedings of the National Academy of Sciences of the United States of America, 2012 (5): 1691696.

[47] Langille M G I, Zaneveld J, Caporaso J G, et al. Predictive functional profiling of microbial communities using 16S rRNA marker gene sequences [J]. Nat Biotechnol, 2013 (9): 814 - 821.

[48] Qiu X, Zhou G, Zhang J, et al. Microbial community responses to biochar addition when a green waste and manure mix are composted: A molecular ecological network analysis [J]. Bioresour Technol, 2019, 273: 666 - 671.

[49] Faust K, Raes J. Microbial interactions: from networks to models [J]. Nat Rev Microbiol, 2012, 10 (8): 538 - 550.

[50] Deng Y, Jiang Y H, Yang Y, et al. Molecular ecological network

analyses [J]. BMC Bioinformatics, 2012, 13: 113.

[51] Banerjee S S, Banerjee C. Network analysis reveals functional redundancy and keystone taxa amongst bacterial and fungal communities during organic matter decomposition in an arable soil [J]. Soil Biology & Biochemistry, 2016: 188-198.

[52] Dalcin E, Jackson P W. A network-wide visualization of the implementation of the global strategy for plant conservation in Brazil [J]. Rodriguésia, 2018 (4): 1613639.

[53] 郭江泽. 苜蓿青干草在调制和贮藏过程中的质量变化规律研究 [D]. 郑州: 河南农业大学, 2009.

[54] 韩明通. 西藏地区紫花苜蓿和多年生黑麦草干草调制与贮藏技术的研究 [D]. 南京: 南京农业大学, 2011.

[55] 李丽萍. 科学调制青干草促进草业发展 [J]. 饲料工业, 2001, 43 (5): 31-32.

[56] White L M, Wight J R. Forage yield and quality of dry land grasses and legumes [J]. Journal of Range Management, 1984, 37 (3): 233-236.

[57] 王红梅. 呼伦贝尔草原不同植物群落牧草青贮特性 [D]. 北京: 中国农业科学院, 2013.

[58] 王坤龙, 王千玉, 王石莹, 等. 青贮条件对紫花苜蓿青贮饲料饲用品质的影响 [J]. 饲料研究, 2015, 14: 4-7, 15.

[59] 杨云贵, 程天亮, 杨雪娇, 等. 3 个燕麦品种不同收获期对青贮饲草营养价值的影响 [J]. 草地学报, 2013, 21 (4): 683-688.

[60] 张晴晴, 梁庆伟, 杨秀芳, 等. 添加有机酸对燕麦青贮发酵和营养品质的影响 [J]. 饲料研究, 2019, 42 (4): 84-86.

[61] 郭婷. 四种添加剂对燕麦青贮效果的影响 [D]. 杨凌: 西北农林科技大学, 2014.

[62] 琚泽亮, 赵桂琴, 柴继宽, 等. 不同燕麦品种在甘肃中部的营养价值及青贮发酵品质综合评价 [J]. 草业学报, 2019, 28 (9): 77-86.

[63] 柴继宽, 赵桂琴, 师尚礼, 等. 7 个燕麦品种在甘肃二阴区的适应性评价 [J]. 草原与草坪, 2011, 31 (2): 1-6.

[64] 林伟静, 吴广枫, 李春红, 等. 品种与环境对我国裸燕麦营养品质的影响 [J]. 作物学报, 2011, 37 (6): 1087-1092.

[65] Zhao M, Feng Y, Shi Y, et al. Yield and quality properties of silage

maize and their influencing factors in China [J]. Sci. China. Life Sci, 2022, 65: 1655 - 1666.

[66] Muck R E, Kung L. Effects of silage additives on ensiling proceedings from the silage: Field to feedbunk [J]. 1997.

[67] Da Silva é B, Liu X, Mellinger C, et al. Effect of dry matter content on the microbial community and on the effectiveness of a microbial inoculant to improve the aerobic stability of corn silage [J]. J. Dairy Sci, 2022, 105: 5024 - 5043.

[68] Yang L, Yuan X, Li J, et al. Dynamics of microbial community and fermentation quality during ensiling of sterile and nonsterile alfalfa with or without *Lactobacillus plantarum* inoculant [J]. Bioresour. Technol, 2019, 275: 280 - 287.

[69] Gharechahi J, Kharazian Z A, Sarikhan S, et al. The dynamics of the bacterial communities developed in maize silage [J]. Microb. Biotechnol, 2017, 10: 1663 - 1676.

[70] Liu B Y, Huan H, et al. Dynamics of a microbial community during ensiling and upon aerobic exposure in lactic acid bacteria inoculation - treated and untreated barley silages [J]. Bioresource Technol, 2019, 273: 212 - 219.

[71] Keshri J, Chen Y, Pinto R, et al. Bacterial dynamics of wheat silage [J]. Front. Microbiol, 2019, 10: 1532.

[72] Jia T, Yu Z. Effect of temperature and fermentation time on fermentation characteristics and biogenic amine formation of oat silage [J]. Fermentation, 2022, 8: 352.

[73] Xiong Y, Xu J, Guo L, et al. Exploring the effects of different bacteria additives on fermentation quality, microbial community and *in vitro* gas production of forage oat silage [J]. Animals (Basel), 2022, 12: 1122.

[74] 南铭，景芳，边芳，等．6个裸燕麦品种在甘肃中部引洮灌区的生产性能及饲用价值比较 [J]. 草地学报，2020，28 (6)：1635 - 1642.

[75] 周忠义，卫媛，白玉婷，等．呼伦贝尔市羊草割草地刈割技术对牧草产量及品质的影响 [J]. 畜牧与饲料科学，2021，42 (2)：97 - 102.

[76] Lin H Y, Lin S Q, Awasthi M K, et al. Exploring the bacterial

community and fermentation characteristics during silage fermentation of abandoned fresh tea leaves [J]. Chemosphere, 2021, 283: 131234.

[77] Zhou Y M, Chen Y P, Guo J S, et al. The correlations and spatial characteristics of microbiome and silage quality by reusing of citrus waste in a family-scale bunker silo [J]. J Cleaner Prod, 2019, 226: 407-418.

[78] Ren H W, Sun W L, Yan Z H, et al. Bioaugmentation of sweet sorghum ensiling with rumen fluid: fermentation characteristics, chemical composition, microbial community, and enzymatic digestibility of silages [J]. J Cleaner Prod, 2021, 294: 126308.

[79] Xu D, Wang N, Rinne M, et al. The bacterial community and metabolome dynamics and their interactions modulate fermentation process of whole crop corn silage prepared with or without inoculants [J]. Microbial Biotechnology, 2021, 14 (2): 561-576.

[80] Zhang L, Zhou X K, Gu Q C, et al. Analysis of the correlation between bacteria and fungi in sugarcane tops silage prior to and after aerobic exposure [J]. Bioresource Techno, 2019, 291: 121835.

[81] Jung J S, Ravindran B, Soundharrajan I, et al. Improved performance and microbial community dynamics in anaerobic fermentation of triticale silages at different stages [J]. Bioresource Technology, 2022, 345: 126485.

[82] Gallagher D, Parker D, Allen D J, et al. Dynamic bacterial and fungal microbiomes during sweet sorghum ensiling impact bioethanol production [J]. Bioresour Technol, 2018, 264: 163-173.

[83] Cao C, Bao W, Li W, et al. Changes in physico-chemical characteristics and viable bacterial communities during fermentation of alfalfa silages inoculated with *Lactobacillus plantarum* [J]. World J Microb Biot, 2021, 37: 127.

[84] Fijałkowska M, Przemieniecki S W, Purwin C, et al. The effect of an additive containing three *Lactobacillus* species on the fermentation pattern and microbiological status of silage [J]. J Sci Food Agric, 2020, 100: 1174-1184.

[85] 肖燕子，徐丽君，辛晓平，等．呼伦贝尔地区不同燕麦品种的营养价值及发酵品质评价研究 [J]. 草业学报，2020，29 (12)：171-179.

[86] 侯美玲，刘庭玉，孙林，等．华北地区紫花苜蓿适宜刈割物候期及留

茬高度的研究 [J]. 草原与草业，2016，28 (2)：43-51.
[87] 贾婷婷，吴哲，玉柱，等．不同类型乳酸菌添加剂对燕麦青贮品质和有氧稳定性的影响 [J]. 草业科学，2018，35 (5)：1266-1272.
[88] 陈莉敏，赵国敏，廖兴勇，等．川西北7个燕麦品种产量及营养成分比较分析 [J]. 草业与畜牧，2016，19 (2)：19-23.
[89] Van Soest V P J, Robertson J B, Lewis B A. Methods for dietary fiber, neutral detergent fiber and nonstarch polysaccharides in relation to animal nutrition [J]. Journal of Dairy Science, 1991, 74 (10): 3583-3597.
[90] Official Methods of Analysis. Official Methods of Analysis [M]. 18th ed. Oxford University Press, 2005.
[91] Playne M J, McDonald P. The buffering constituents of herbage and silage [J]. Journal of the Science of Food and Agriculture, 1966, 17 (6): 264-268.
[92] Arthur T T. An automated procedure for the determination of soluble carbohydrates in herbage [J]. Journal of the Science of Food and Agriculture, 1997, 28: 639-642.
[93] Cai Y M. Analysis method for silage [J]. Tokyto: Thosho Printing, 2004: 279-282.
[94] Broderica G A K J H. Automated simultaneous determination of ammonia and amino acids in ruminal fluid and *in vitro* media [J]. Journal of Dairy Science, 1980, 26 (33): 64-75.
[95] 郭孝，齐爽，牛晖，等.4个燕麦品种在黄河滩区生产性能和农艺性状的研究 [J]. 畜牧与饲料科学，2019，40 (8)：38-41.
[96] 武俊英，刘景辉，王怀栋，等．不同燕麦品种产量及其与构成因素的相关性研究 [J]. 作物杂志，2011 (5)：36-40.
[97] 赵宁，赵秀芳，赵来喜，等．不同燕麦品种在坝上地区的适应性评价 [J]. 草地学报，2009，17 (1)：68-73.
[98] 张光雨，马和平，邵小明，等．西藏河谷区9个引进燕麦品种的生产性能和营养品质比较研究 [J]. 草业学报，2019，28 (5)：121-131.
[99] 王林，张慧杰，玉柱，等．苜蓿与直穗鹅观草混贮发酵品质研究 [J]. 草业科学，2011，28 (10)：1888-1893.
[100] Mustafa A F, Seguin P. Effect of stage of maturity on ensiling characteristics

and ruminal nutrient degradability of oat silage [J]. Archives of Animal Nutrition, 2003, 57 (5): 347 - 358.

[101] 赵世锋，田长叶，陈淑萍，等．草用燕麦品种适宜刈割期的确定 [J]. 华北农学报，2005 (S1): 132 - 134.

[102] Muck R E. A lactic acid bacteria strain to improve aerobic stability of silages [M]. Madison: Dairy Forage Research Center, 1996: 46 - 47.

[103] Shao T, Zhang Z X, Shimojo M, et al. Comparison of fermentation characteristics of Italian ryegrass and guinea grass during the early stage of ensiling [J]. Asian - Australasian Journal of Animal Sciences, 2005, 18 (12): 1727 - 1734.

[104] 何志军，于海洋，陈志龙，等．宁南山区不同引进饲草青贮品质评价 [J]. 畜牧与饲料科学，2018, 39 (6): 55 - 58, 77.

[105] Aisan A, Okamoto M, Yoshihira T, et al. Effect of ensiling with acremonium cellulase, lactic acid bacteria and formic acid on tissue structure of timothy and alfalfa [J]. Asian Australasian Journal of Animal Sciences, 1997, 10 (6): 593 - 598.

[106] Mcdonald P, Henderson A R, Heron S J E. The biochemistry of silage [M]. Marlow, UK: Chalcombe Publications, 1991.

[107] Kaiser E, Weib K, Krausc R. Criterions to judge fermentation quality of grass silages [J]. Proceedings of the Society for Nutritional Physiology, 2000 (9): 94 - 101.

[108] 李焱华．对应分析技术在市场研究中的应用 [J]. 科技情报开发与经济，2006, 21 (16): 164 - 165.

[109] Thomas A T. An automated procedure for the determination of soluble carbohydrates in herbage [J]. J. Sci. Food Agr, 1977, 28: 639 - 642.

[110] Li Y, Wang Z, Li T, et al. Changes in microbial community and methanogenesis during high - solid anaerobic digestion of ensiled corn stover [J]. J. Clean Prod, 2020, 242: 118479.

[111] You S, Du S, Ge G, et al. Microbial community and fermentation characteristics of native grass prepared without or with isolated lactic acid bacteria on the Mongolian Plateau [J]. Front. Microbiol, 2021, 12: 2861.

[112] Beckers B, Beeck M, Thijs S, et al. Performance of 16S rDNA primer

pairs in the study of Rhizosphere and Endosphere bacterial microbiomes in metabarcoding studies [J]. Front. Microbiol, 2016, 7: 650.

[113] Callahan B J, McMurdie P J, Rosen M J, et al. DADA2: High resolution sample inference from Illumina amplicon data [J]. Nat. Methods, 2016, 13: 581 - 583.

[114] Pruesse E, Quast C, Knittel K, et al. SILVA: a comprehensive online resource for quality checked and aligned ribosomal RNA sequence data compatible with ARB [J]. Nucleic Acids Res, 2007, 35: 7188 - 7196.

[115] Ankenbrand M, Keller A, Wolf M, et al. TS2 database V: Twice as much [J]. Mol. Biol. Evol, 2015, 32: 3030 - 3032.

[116] Ondov B, Bergman N, Phillippy A. Interactive metagenomic visualization in a Web browser [J]. BMC Bioinformatics, 2011, 12: 385.

[117] Wickham H. ggplot2 [M]. Springer Publishing Company, 2011: 180 - 185.

[118] Krzywinski M, Schein J, Birol I, et al. Circos: an information aesthetic for comparative genomics [J]. Genome Res, 2009, 19: 1639 - 1645.

[119] Kolde R. Package 'pheatmap' [EB]. 2018. https://mirrors.sjtug.sjtu.edu.cn/cran/web/packages/pheatmap/pheatmap.pdf.

[120] Revelle W. Package 'psych' [EB]. 2015. https://cran.r-project.org/web/packages/psych/psych.pdf.

[121] Borreani G, Chion A R, Colombini S, et al. Fermentative profiles of field pea (*Pisum sativum*), faba bean (*Vicia faba*) and white lupin (*Lupinus albus*) silages as affected by wilting and inoculation [J]. Anim. Feed Sci. Technol, 2009, 151: 316 - 323.

[122] Vasco - Correa J, Li Y. Solid - state anaerobic digestion of fungal pretreated *Miscanthus sinensis* harvested in two different seasons [J]. Bioresour. Technol, 2015, 185: 211 - 217.

[123] Yan Y, Li X, Guan H, et al. Microbial community and fermentation characteristic of Italian ryegrass silage prepared with corn stover and lactic acid bacteria [J]. Bioresour. Technol, 2019, 279: 166 - 173.

[124] Cai Y. Identification and characterization of *Enterococcus* species isolated from forage crops and their influence on silage fermentation [J]. J. Dairy Sci. 1999, 82: 2466 - 2471.

[125] Da Silva N C, Nascimento C F, Nascimento F A, et al. Fermentation

and aerobic stability of rehydrated corn grain silage treated with different doses of *Lactobacillus buchneri* or a combination of *Lactobacillus plantarum* and *Pediococcus acidilactici* [J]. J. Dairy Sci, 2018, 101: 4158 - 4167.

[126] Ahmadi F, Lee Y H, Lee W H, et al. Long - term anaerobic conservation of fruit and vegetable discards without or with moisture adjustment after aerobic preservation with sodium metabisulfite [J]. Waste Manageme, 2019, 87: 258 - 267.

[127] Guo L, Wang X, Lin Y, et al. Microorganisms that are critical for the fermentation quality of paper mulberry silage [J]. Food & Energy Secur, 2021, 10: 304.

[128] Kleinschmit D H, Kung L. The effects of *Lactobacillus buchneri* 40788 and *Pediococcus pentosaceus* R1094 on the fermentation of corn silage [J]. J. Dairy Sci, 2006, 89: 3999 - 4004.

[129] Hu W, Schmidt R J, McDonell E E. et al. The effect of *Lactobacillus buchneri* 40788 or *Lactobacillus plantarum* MTD - 1 on the fermentation and aerobic stability of corn silages ensiled at two dry matter contents [J]. J. Dairy Sci, 2009, 92: 3907 - 3914.

[130] Krooneman J, Faber F, Alderkamp A C, et al. *Lactobacillus diolivorans* sp. nov., a 1, 2 - propanediol - degrading bacterium isolated from aerobically stable maize silage [J]. Int. J. Syst. Evol. Micr, 2002, 52: 639 - 646.

[131] Guan H, Yan Y, Li X, et al. Microbial communities and natural fermentation of corn silages prepared with farm bunker - silo in Southwest China [J]. Bioresour. Technol, 2018, 265: 282 - 290.

[132] Du S, You S, Jiang X, et al. Dynamics of the fermentation quality and microbiota in *Ephedra sinica* treated native grass silage [J]. J. Appl. Microbiol, 2022, 133 (6): 3465 - 3475.

[133] Ogunade I M, Jiang Y, Cervantes A P, et al. Bacterial diversity and composition of alfalfa silage as analyzed by Illumina MiSeq sequencing: Effects of Escherichia coli O157: H7 and silage additives [J]. J. Dairy Sci, 2018, 101: 2048 - 2059.

[134] Lin C, Bolsen K K, Brent B E, et al. Epiphytic lactic acid bacteria succession during the pre - ensiling and ensiling periods of alfalfa and

maize [J]. J. Appl. Bacteriol, 1992, 73: 375 - 387.

[135] Ni K, Zhao J, Zhu B, et al. Assessing the fermentation quality and microbial community of the mixed silage of forage soybean with crop corn or sorghum [J]. Bioresour. Technol, 2018, 265: 563 - 567.

[136] Zou W, Ye G, Zhang K. Diversity, function, and application of *Clostridium* in Chinese strong flavor Baijiu ecosystem: a review [J]. J. Food Sci, 2018, 83: 1193 - 1199.

[137] Du H, Song Z, Zhang M, et al. The deletion of *Schizosaccharomyces pombe* decreased the production of flavor - related metabolites during traditional Baijiu fermentation [J]. Food Res. Int, 2021, 140: 109872.

[138] Romero J J, Joo Y, Park J, et al. Bacterial and fungal communities, fermentation, and aerobic stability of conventional hybrids and brown midrib hybrids ensiled at low moisture with or without a homo - and hetero - fermentative inoculant [J]. J. Dairy Sci, 2018, 101: 3057 - 3076.

[139] Hu S, He C, Li Y, et al. Changes of fungal community and non - volatile metabolites during pile - fermentation of dark green tea [J]. Food Res. Int, 2021, 147: 110472.

[140] Hui F L, Niu Q H, Ke T, et al. *Cryptococcus nanyangensis* sp. nov., a new Basidiomycetous yeast isolated from the gut of wood - boring larvae [J]. Curr. Microbial, 2012, 65: 617 - 621.

[141] 张宪政. 作物生理研究法 [M]. 北京：中国农业出版社，1994.

[142] 熊庆娥. 植物生理试验教程 [M]. 成都：四川科技出版社，2003.

[143] 冯骁骋. 天然草地牧草青贮机理及品质调控研究 [D]. 呼和浩特：内蒙古农业大学，2014.

[144] 侯美玲，格根图，贾玉山，等. 甲酸、纤维素酶、乳酸菌剂对典型草原天然牧草青贮品质的影响 [J]. 动物营养学报，2015，27 (9)：2977 - 2986.

[145] 冯光燕，高洪文，张新全，等. 16 个紫花苜蓿品种维生素 E 含量测定与分析 [J]. 草业科学，2015，32 (9)：1444 - 1450.

[146] 许庆方，周禾，玉柱，等. 贮藏期和添加绿汁发酵液对袋装苜蓿青贮的影响 [J]. 草地学报，2006 (2)：129 - 133，146.

[147] Scibetta S, Schena L, Abdelfattah A, et al. Selection and experimental evaluation of universal primers to study the fungal microbiome of higher

plants [J]. Phytobiomes J, 2018, 2: 225 - 236.

[148] Huang H C, Chang W T, Wu Y H, et al. Phytochemicals levels and biological activities in *Hibiscus sabdariffa* L. were enhanced using microbial fermentation [J]. Ind Crop Prod, 2022, 176: 114408.

[149] Wang S, Zhao J, Dong Z, et al. Sequencing and microbiota transplantation to determine the role of microbiota on the fermentation type of oat silage [J]. Bioresour Technol, 2020, 309: 123371.

[150] Wang S, Wang Y, Liu H, et al. Using PICRUSt2 to explore the functional potential of bacterial community in alfalfa silage harvested at different growth stages [J]. Chem Biol Technol Agric, 2022, 9: 98.

[151] Long S, Li X, Yuan X, et al. The effect of early and delayed harvest on dynamics of fermentation profile, chemical composition, and bacterial community of king grass silage [J]. Front Microbiol, 2022, 13: 864649.

[152] Lee Y, Cho H, Choi J, et al. Hybrid embden - meyerhof - parnas pathway for reducing CO_2 loss and increasing the acetyl - CoA levels during microbial fermentation [J]. ACS Sustai Chem Eng, 2021, 9: 12394 - 12405.

[153] Gänzle M G. Lactic metabolism revisited: metabolism of lactic acid bacteria in food fermentations and food spoilage [J]. Curr Opin Food Sci, 2015, 2: 106 - 117.

[154] Valk L, Luttik M, de Ram C, et al. A novel D - galacturonate fermentation pathway in *Lactobacillus suebicus* links initial reactions of the galacturonate - isomerase route with the phosphoketolase pathway [J]. Front Microbiol. 2020, 17 (10): 3027.

[155] Kung L, Shaver R D, Grant R J, et al. Silage review: interpretation of chemical, microbial, and organoleptic components of silages [J]. J Dairy Sci, 2018, 101: 4020 - 4033.

[156] Romero J, Park J, Joo Y, et al. A combination of *Lactobacillus buchneri* and *Pediococcus pentosaceus* extended the aerobic stability of conventional and brown midrib mutants - corn hybrids ensiled at low dry matter concentrations by causing a major shift in their bacterial

and fungal community [J]. J Anim Sci, 2021, 99: skab141.

[157] Dong Z, Li J, Chen L, et al. Effects of freeze - thaw event on microbial community dynamics during red clover ensiling [J]. Front Microbiol, 2019, 10: 1559.

[158] Wang S, Zhang G, Zhang P, et al. Rumen fluid fermentation for enhancement of hydrolysis and acidification of grass clipping [J]. J Environ Manage, 2018, 220: 142 - 148.

[159] McGarvey J, Franco R, Palumbo J, et al. Bacterial population dynamics during the ensiling of *Medicago sativa* (alfalfa) and subsequent exposure to air [J]. J Appl Microbiol, 2013, 114: 1661 - 1670.

[160] Sun L, Bai C, Xu H, et al. Succession of bacterial community during the initial aerobic, intense fermentation, and stable phases of whole - plant corn silages treated with lactic acid bacteria suspensions prepared from other silages [J]. Front Microbiol, 2021, 12: 655095.

[161] Graf K, Ulrich A, Idler C, et al. Bacterial community dynamics during ensiling of perennial ryegrass at two compaction levels monitored by terminal restriction fragment length polymorphism [J]. J Appl Microbiol, 2016, 120: 1479 - 1491.

[162] Su W, Jiang Z, Wang C, et al. Dynamics of defatted rice bran in physicochemical characteristics, microbiota and metabolic functions during two - stage cofermentation [J]. Int J Food Microbiol, 2022, 362: 109489.

[163] Yan K, Abbas M, Meng L, et al. Analysis of the fungal diversity and community structure in Sichuan dark tea during pile - fermentation [J]. Front Microbiol, 2021, 12: 706714.

[164] Vu VH, Li X, Wang M, et al. Dynamics of fungal community during silage fermentation of elephant grass (*Pennisetum purpureum*) produced in northern Vietnam [J]. Asian - Australas J Anim Sci, 2019, 32: 996 - 1006.

[165] Grazia L, Suzzi G, Romano P. Isolation and identification of moulds in maize silage [J]. Inf Agrar, 1990, 46: 57 - 59.

[166] Kim M, Park E. Postharvest - induced microbiota remodeling increases fungal diversity in the phyllosphere mycobiota of broccoli florets [J].

Postharvest Biol Tec, 2021, 181: 111693.

[167] Su W, Jiang Z, Hao L, et al. Variations of soybean meal and corn mixed substrates in physicochemical characteristics and microbiota during two - stage solidstate fermentation [J]. Front Microbiol, 2021, 12: 688839.

[168] Lino de Souza M, Silva Ribeiro L, et al. Yeasts prevent ochratoxin A contamination in coffee by displacing *Aspergillus carbonarius* [J]. Biol control, 2021, 155: 104512.

[169] Barberán A, Bates S, Casamayor E, et al. Using network analysis to explore co - occurrence patterns in soil microbial communities [J]. ISME J, 2012, 6: 343 - 351.

[170] Ni K, Wang F, Zhu B, et al. Effects of lactic acid bacteria and molasses additives on the microbial community and fermentation quality of soybean silage [J]. Bioresour Technol, 2017, 238: 706 - 715.

[171] Fang D, Dong Z, Wang D, et al. Evaluating the fermentation quality and bacterial community of high - moisture whole plant quinoa silage ensiled with different additives [J]. J Appl Microbiol, 2022, 132: 3578 - 3589.

[172] Hou J, Nishino N. Bacterial and fungal microbiota of guinea grass silage shows various levels of acetic acid fermentation [J]. Fermentation, 2021, 8: 10.

[173] Kot A, Kieliszek M, Piwowarek K, et al. *Sporobolomyces* and *Sporidiobolus* - non - conventional yeasts for use in industries [J]. Fungal Biol Rev, 2021, 37: 41 - 58.

图书在版编目（CIP）数据

呼伦贝尔地区饲用燕麦青贮发酵关键技术研究 / 肖燕子等著. -- 北京 ：中国农业出版社，2024. 10.
ISBN 978-7-109-32583-8

Ⅰ. S512.6；S816

中国国家版本馆 CIP 数据核字第 2024DF4446 号

中国农业出版社出版
地址：北京市朝阳区麦子店街 18 号楼
邮编：100125
责任编辑：肖　邦
版式设计：王　晨　　责任校对：吴丽婷
印刷：北京印刷集团有限责任公司
版次：2024 年 10 月第 1 版
印次：2024 年 10 月北京第 1 次印刷
发行：新华书店北京发行所
开本：880mm×1230mm　1/32
印张：3　　插页：4
字数：90 千字
定价：30.00 元

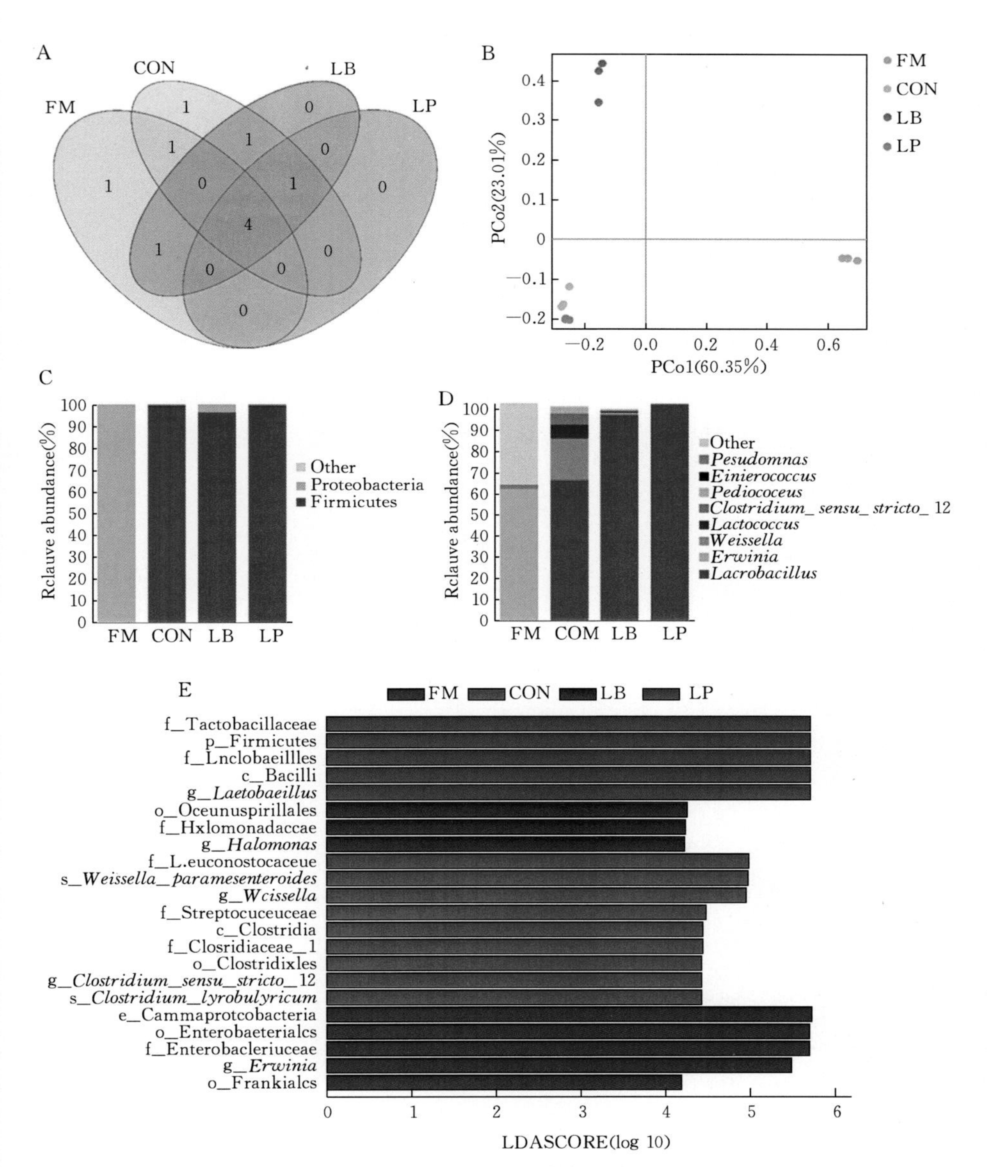

彩图1　原料与青贮料中细菌多样性和群落结构（$n=3$）

注：A为维恩图，代表在新鲜原料和青贮料中发现的常见和独特的ASV。B为根据Bray UniFrac Distance对样本进行的主坐标分析。C为青贮饲料中细菌门的相对丰度（%）（至少在一个组中占比达1%）。D为青贮饲料中细菌属的相对丰度（%）（至少在一组中达1%）。E为LDA得分大于估计值的显著不同物种（默认得分=4），直方图的长度代表了不同物种的LDA得分。

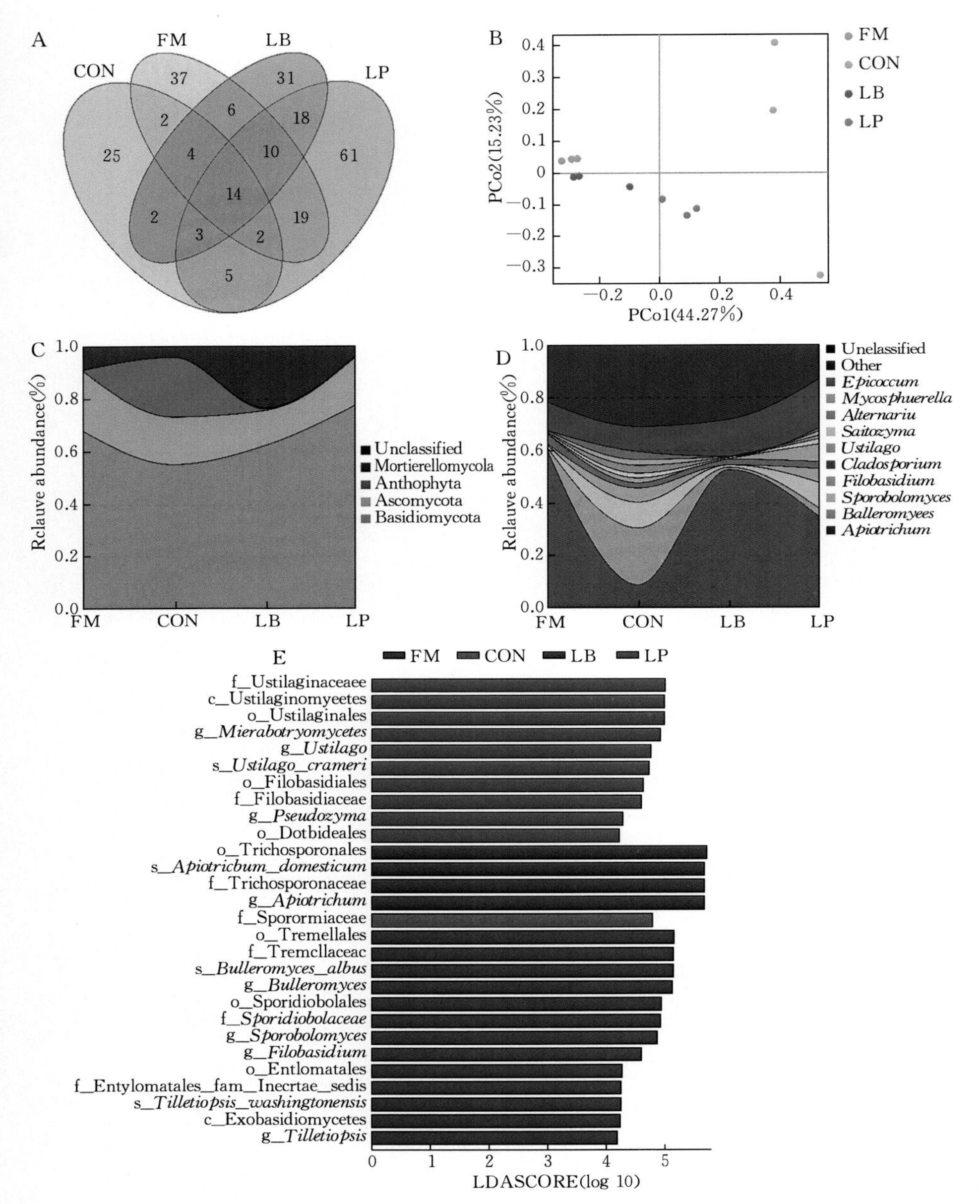

彩图 2　新鲜原料和青贮料中真菌多样性和群落结构（$n=3$）

注：A 为维恩图，代表在新鲜原料和青贮料中发现的常见和独特的 ASV。B 为根据 Bray UniFrac Distance 对样本进行的主成分分析。C 为 FM 组和饲用燕麦青贮料在门水平上（至少 1%）的流图。D 为真菌属水平上 FM 组和饲用燕麦青贮料（至少 1%）的流图。E 为 LDA 得分大于估计值的显著不同物种（默认得分=4），直方图的长度代表了不同物种的 LDA 得分。

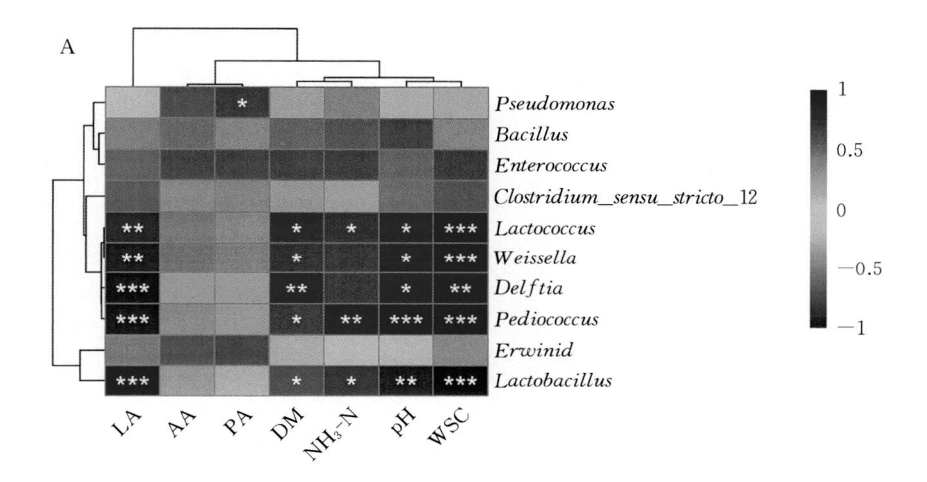

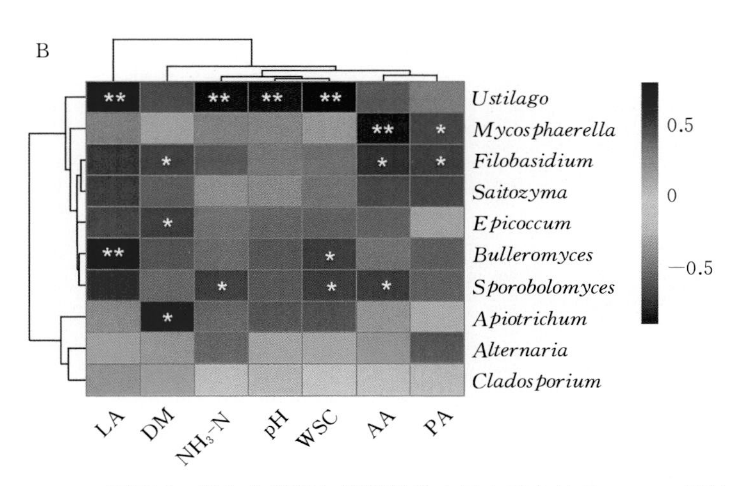

彩图 3　微生物群落与发酵特性在属水平上的 Spearman 相关热图

注：A 为优势细菌属与发酵特性的相关性；B 为优势真菌属与发酵特性的相关性，红色为正相关，蓝色为负相关。* 表示 $P<0.05$ 显著相关，** 表示 $P<0.01$ 极显著相关，*** 表示 $P<0.001$ 超显著相关。

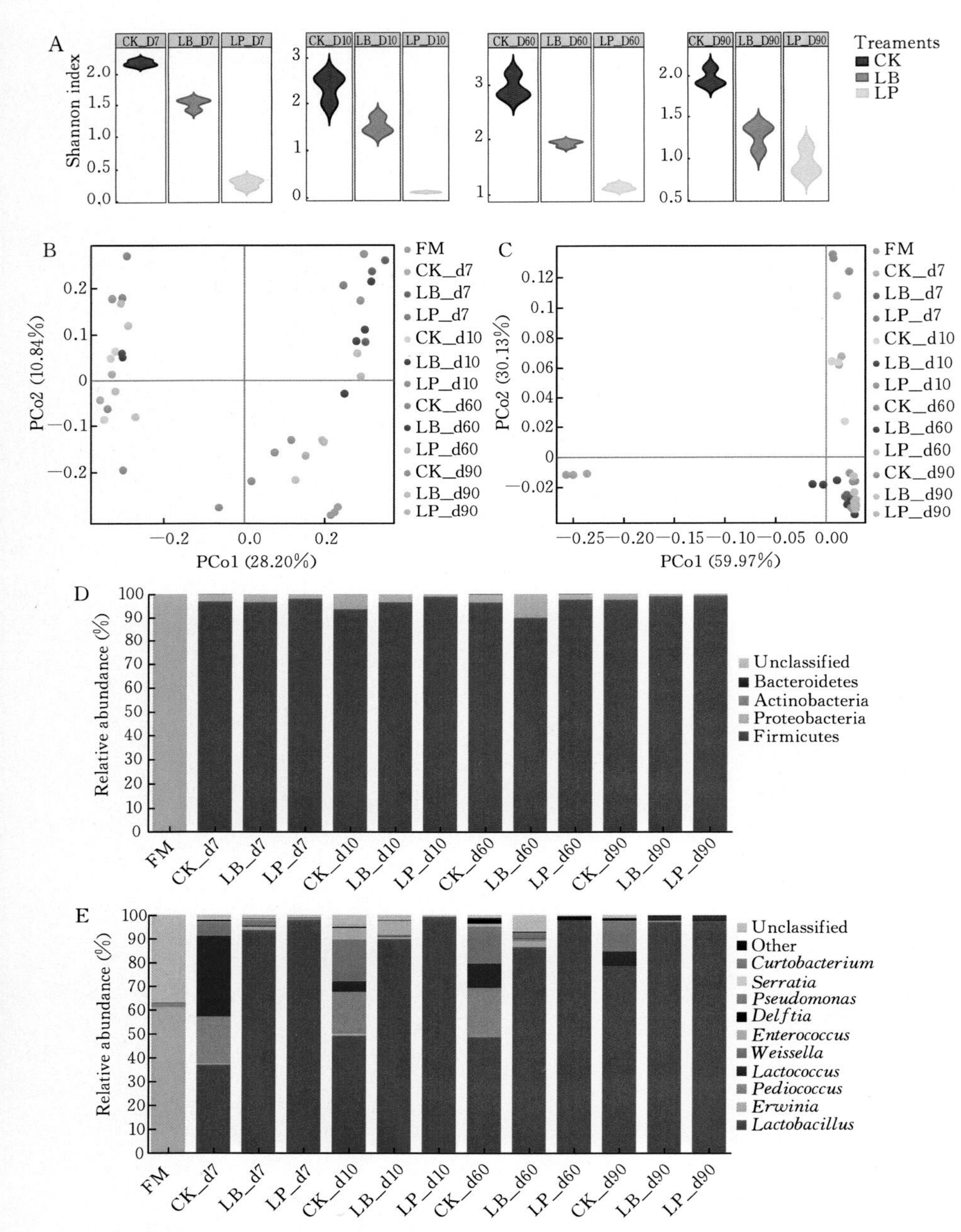

彩图4　燕麦青贮发酵过程中不同添加剂对细菌群落多样性和差异性的影响

注：A为细菌群落α多样性的变化。B和C为不同处理和青贮时间的细菌群落差异性，分别由未加权 UniFrac 和加权 UniFrac 距离计算，坐标由主坐标分析计算。D和E为不同处理和发酵时间下燕麦青贮饲料细菌门和属的相对丰度。

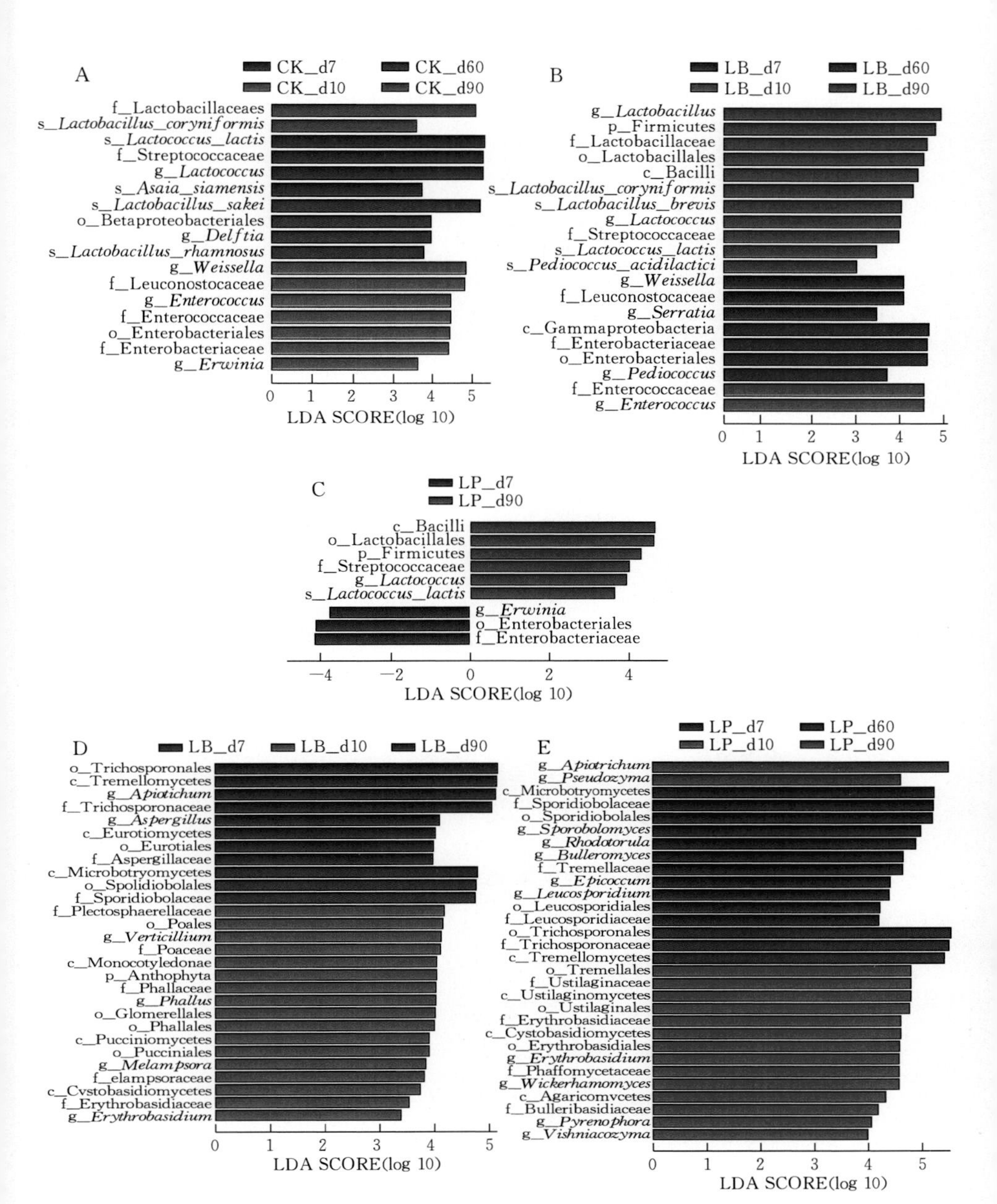

彩图 5　燕麦青贮发酵过程中不同添加剂对微生物区系的影响

注：用线性判别分析（LDA）对不同发酵时间的燕麦青贮细菌（A～C）和真菌（D、E）生物标志物进行了效应大小（LEfSe）分析。A 为未接种菌剂的细菌样品。B 为接种布氏乳杆菌的细菌样本。C 为接种植物乳杆菌的细菌样本。D 为接种布氏乳杆菌的真菌样本。E 为接种植物乳杆菌的真菌样本。

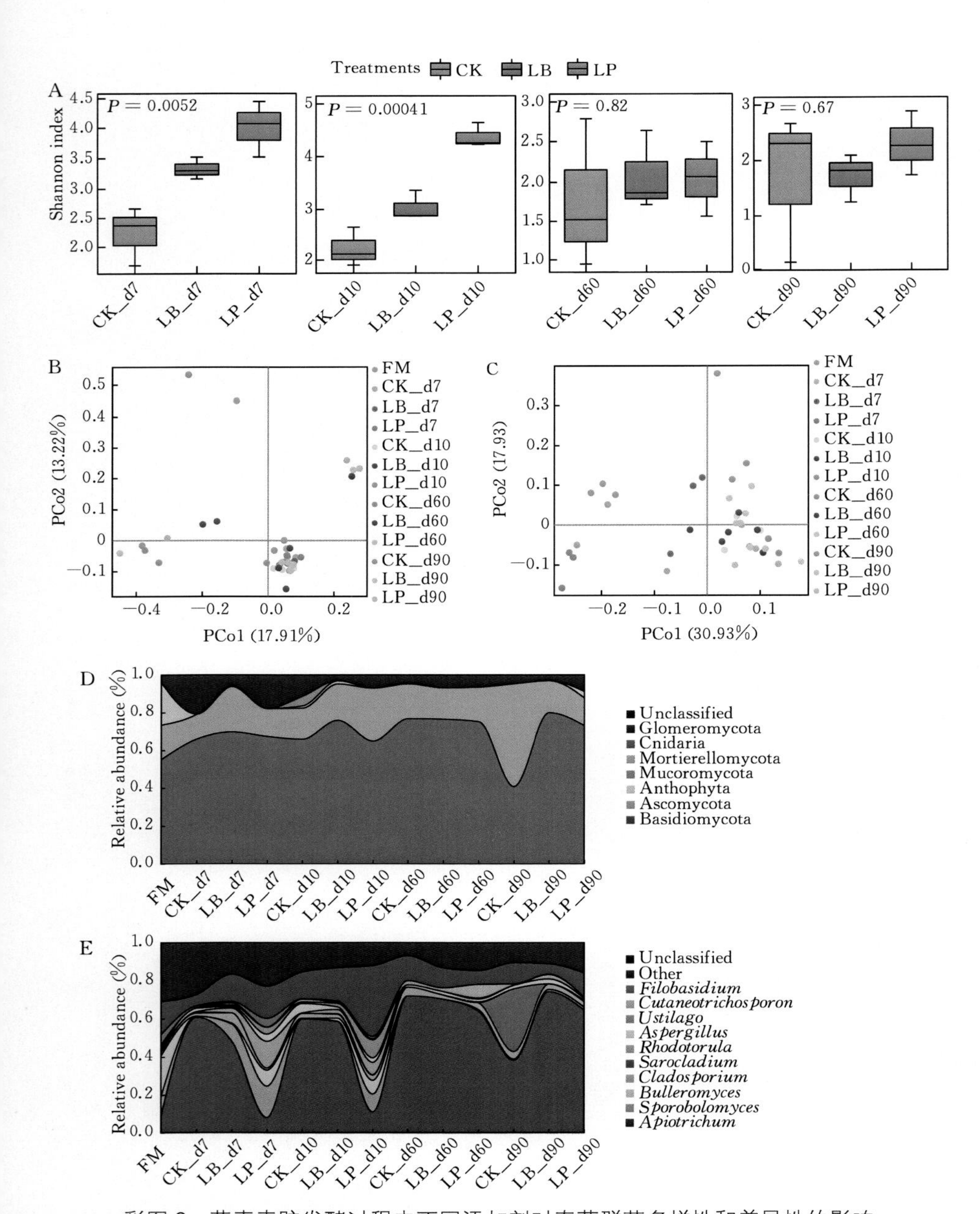

彩图 6　燕麦青贮发酵过程中不同添加剂对真菌群落多样性和差异性的影响

注：A 为真菌群落 α 多样性的变化；B 和 C 为不同处理和青贮时间的真菌群落差异性，分别通过未加权和加权 UniFrac 距离计算，坐标通过主坐标分析计算；D 和 E 为不同处理和发酵时间下燕麦青贮饲料真菌门和属的相对丰度。

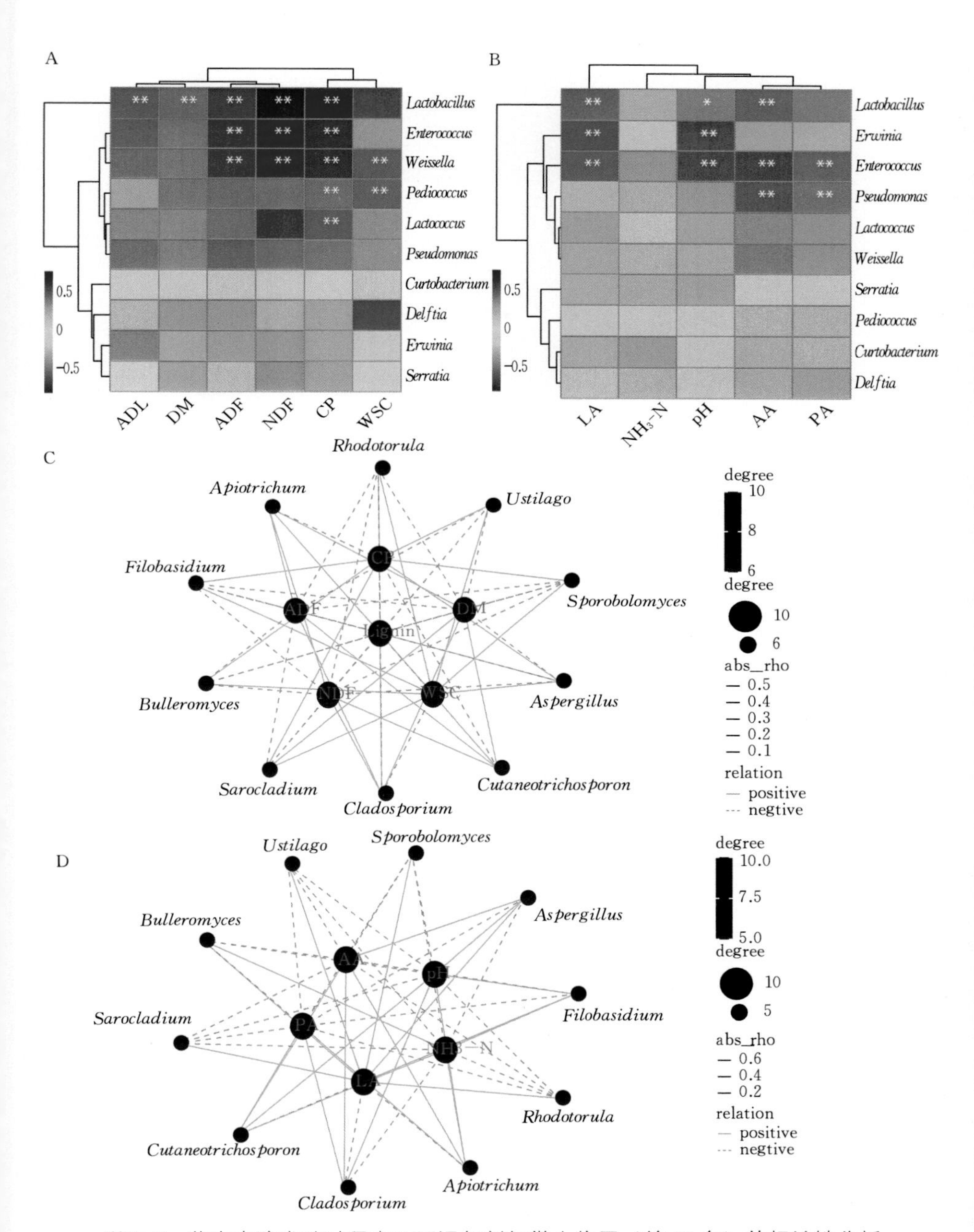

彩图 7　燕麦青贮发酵过程中不同添加剂与微生物属（前 10 名）的相关性分析

注：A 为细菌与营养品质之间的相关性分析，B 为细菌与发酵品质之间的相关性分析，C 为真菌与化学成分之间的相关性分析，D 为真菌与发酵品质之间的相关性分析。* 表示相关性在 $P<0.05$ 上显著，** 表示相关性在 $P<0.01$ 上显著。

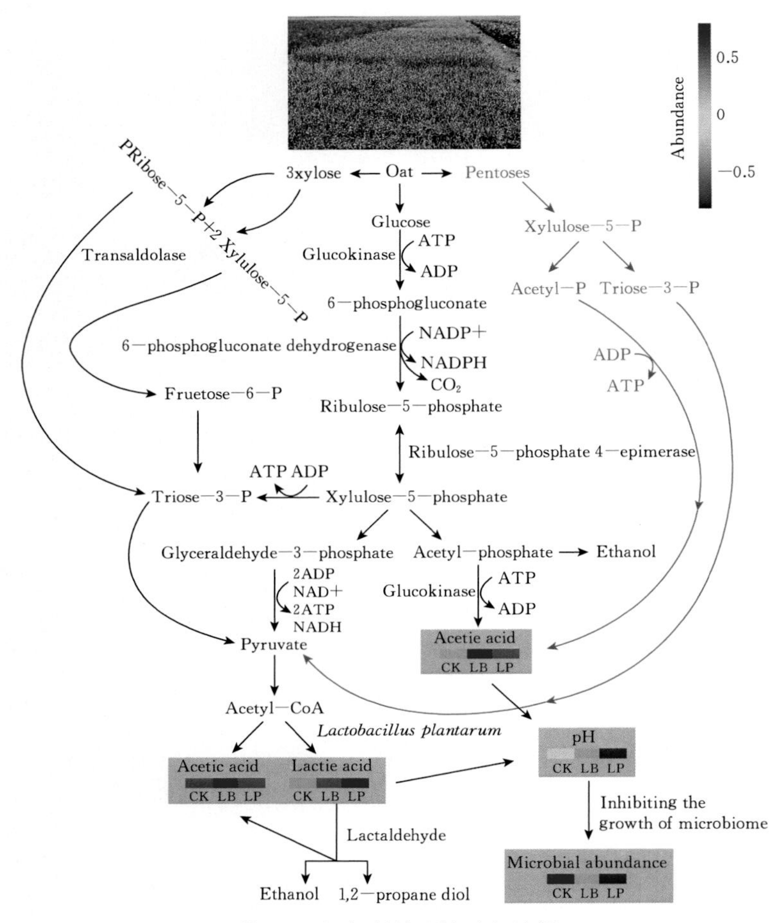

彩图 8　添加剂处理糖酵解途径

注：黑色路线表示植物乳杆菌通过 Emden - Meyerhoff 途径、磷酸乙酮醇酶途径、磷酸戊糖途径进行同型发酵代谢，红色路线表示布氏乳杆菌通过磷酸戊糖途径进行异型发酵代谢。